卓越系列·21世纪高职高专精品规划教材

机械设计基础课程设计指导

（第2版）

主　编　姜韶华　杜洪香
副主编　张兴军　孙在松
主　审　李　文

内 容 提 要

《机械设计基础课程设计指导(第2版)》是根据“机械设计基础”课程教学的基本要求编写的,可供机械设计基础课程的理论学习及课程设计时使用,是“机械设计基础”课程的配套教材。

本书以一级圆柱齿轮减速器为例,按照课程设计的一般步骤,对课程设计从准备到编写设计计算说明书的全过程,逐一进行了阐述。内容包括:认知课程设计、机械传动装置的总体设计、参数选择和零件尺寸及强度计算、绘制减速器装配图、绘制减速器零件图、编写设计计算说明书与准备答辩。书中附有大量的附录,如机械设计常用的标准和规范、常用材料及其力学性能、参考图例等,供学生设计时应用。

本书可作为高职高专院校、成人高校机械类及近机械类专业“机械设计基础课程设计”的教材,也可供有关专业师生和工程技术人员参考使用。

图书在版编目(CIP)数据

机械设计基础课程设计指导/姜韶华,杜洪香主编．—天津:天津大学出版社,2016.6(2024.1 重印)

(卓越系列)

21世纪高职高专精品规划教材

ISBN 978-7-5618-5585-0

Ⅰ.①机… Ⅱ.①姜… ②杜… Ⅲ.①机械设计-课程设计-高等职业教育-教学参考资料 Ⅳ.①TH122-41

中国版本图书馆CIP数据核字(2016)第152169号

出版发行 天津大学出版社
地 址 天津市卫津路92号天津大学内(邮编:300072)
电 话 发行部:022-27403647
网 址 www.tjupress.com.cn
印 刷 天津泰宇印务有限公司
经 销 全国各地新华书店
开 本 185mm×260mm
印 张 9.25
字 数 230千
版 次 2016年6月第1版 2020年6月第2版
印 次 2024年1月第4次
定 价 28.00元

前　言

《机械设计基础课程设计指导（第 2 版）》是《机械设计基础（第二版）》的配套教材。它是集机械传动装置结构设计、运动和动力传动设计计算、常用设计资料查询、成套图形绘制为一体的实践性教学环节的指导资料。本书是根据高素质技术技能型人才培养机械类专业“机械设计基础”教学标准编写的，可作为高职高专机械类及近机械类专业“机械设计基础课程设计”的教学用书，也可供有关专业师生和工程技术人员参考。

机械设计基础课程设计是学习该课程的一个重要环节，是一个综合性极强、理论与实践结合密切的设计训练，更是培养高素质技术技能型人才的一个重要手段。本书采用了最新国家标准，涉及内容全面，所收集的课程设计中常用的资料较为齐全，学生使用方便；结构安排合理，设计步骤清晰，符合学生设计中的思维模式；针对目前课程教学中的薄弱环节及设计中易出现的错误，除加强了结构设计方面的内容练习外，还通过大量的图例，采用正误对照的形式列举了设计中常见的错误结构，避免学生在设计过程中走弯路。

本书的编写内容，按照机械设计基础教学基本要求，结合高职高专教学的特点，突出应用性、实践性，并以职业素质和职业能力培养为主线，在保证必要的基本要求前提下，尽可能简明扼要，便于指导学生自学。

本书由潍坊职业学院姜韶华、杜洪香任主编，济宁职业学院张兴军和日照职业技术学院孙在松任副主编。参加本书编写的人员还有日照职业技术学院王宁，潍坊职业学院王兰红、陈娟、李翠翠，山东交通职业学院钟宝华、吴明清，潍坊富源增压器股份有限公司李毅，潍坊翔鹰机械股份有限公司张英道。编写分工如下：杜洪香、李毅（任务 1、附录 1、附录 3），姜韶华、张英道（任务 2、附录 2、附录 5、附录 6），张兴军、李翠翠（任务 3、附录 4），孙在松、王宁（任务 4、附录 7、附录 12），王兰红、陈娟（任务 5、附录 8、附录 9），钟宝华、吴明清（任务 6、附录 10、附录 11）。

全书由姜韶华统稿，天津中德应用技术大学李文教授主审。

由于编者水平有限，书中难免存在不妥之处，恳请广大教师、读者批评、指正，以便改进。

编　者

目　录

任务1　认知课程设计

1.1　课程设计的目的

机械设计基础课程设计是学生学习机械设计基础课程后进行的一项综合训练,是培养学生机械设计能力的重要实践环节,也是高等职业技术院校机电工程类专业整个教学过程的一个重要环节,其目的在于以下几方面。

(1)使学生运用所学的机械设计基础课程的理论以及有关先修课程的知识,进行一次较为全面的综合设计训练,培养学生机械设计的技能,并加深对所学知识的理解。

(2)通过课程设计这一环节,使学生掌握机械零件、简单传动装置或简单机械的设计方法、设计步骤,为后续专业课程及毕业设计打好基础、做好准备。

(3)通过简单的机械传动设计,使学生具有运用标准、规范、手册、图册和查阅有关技术资料的能力,学会编写设计计算说明书,培养学生独立分析问题和解决工程实际问题的能力。

(4)树立正确的设计思想和严谨求实的工作作风。

1.2　课程设计的内容和步骤

1.2.1　课程设计的内容

课程设计通常选择由机械设计基础课程所学过的大部分通用零部件组成的一般用途的机械传动装置。本书选择圆柱齿轮减速器的设计为主要内容,力求使学生得到较全面的训练。该减速器包含齿轮、轴、轴承、键、箱体等零部件,其设计内容包括以下几点。

(1)拟订、分析传动装置的传动方案。

(2)选择电动机。

(3)计算传动装置的运动参数和动力参数。

(4)传动件的设计计算。

(5)轴承、键的选择和校核计算及减速器润滑和密封的选择。

(6)减速器的结构及附件设计。

(7)绘制减速器装配图、零件图。

(8)编写设计计算说明书,参加答辩。

1.2.2　课程设计的步骤

课程设计的过程通常分为以下几个阶段。

1. 设计准备

包括认真研究设计任务书,明确设计要求和条件,认真阅读减速器参考图,拆装减速器,熟悉设计对象。

2. 传动装置的总体设计

① 拟订和讨论传动装置的传动方案及传动装置的运动简图,②选择电动机,③计算传

动装置的总传动比及分配各级传动比,④计算各轴的功率、转矩和转速等。

3. 传动零件的设计计算

设计装配图前,先计算各级传动件的参数,确定其尺寸,并选好联轴器的类型和规格。一般先计算箱体外传动件,后计算箱体内传动件。

4. 减速器装配草图的绘制

①确定减速器的结构方案;②绘制装配图草图(草图纸),进行轴、轴上零件和轴承组合的结构设计;③校核轴的强度和滚动轴承的寿命;④绘制减速器箱体的结构;⑤绘制减速器附件。

5. 减速器装配图的绘制

①画底线图,画剖面线;②选择配合,标注尺寸;③编写零件序号,列出明细栏;④加深线条,整理图面;⑤书写技术条件、减速器特性等。

6. 零件工作图的绘制

零件工作图应包括制造和检验零件所需的全部内容。

7. 编制设计计算说明书

设计计算说明书包括所有的计算并附简图,并写出设计总结。

8. 课程设计答辩

做答辩准备,参加答辩。

1.3 课程设计任务书

1.3.1 课程设计任务书格式

课程设计任务书应明确提出设计题目、设计的已知数据、工作条件、工作简图及课程设计中应完成的工作量等。其格式一般如表1.1所示。

表1.1 课程设计任务书格式

机械设计基础课程设计任务书

姓名_______ 专业_________ 班级_______ 学号_______

设计题目

运动简图

原始数据

已知条件				
数据				

工作条件

设计工作量

①设计计算说明书1份

②减速器装配图1张

③减速器零件图3张

指导教师_______

开始日期___年___月___日 完成日期___年___月___日

1.3.2 课程设计题目选列

题目一 设计带式输送机中的传动装置一

运动简图见图1.1,原始数据见表1.2。

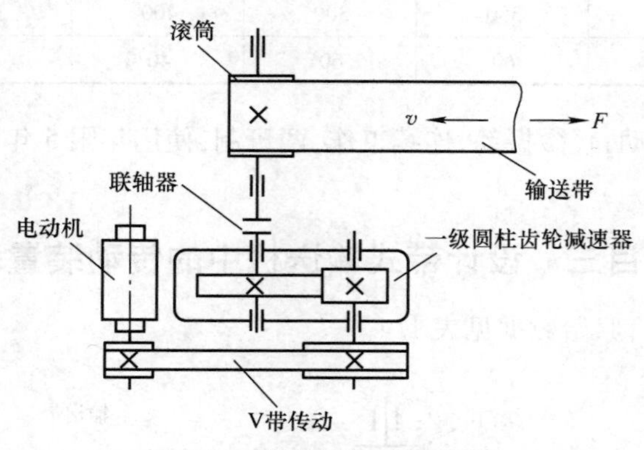

图1.1 传动装置一运动简图

表1.2 传动装置一原始数据

参数	题号									
	1	2	3	4	5	6	7	8	9	10
输送带拉力 F/kN	5	5.5	5.5	6	7	7	8	8	9	9.5
输送带速度 v/(m/s)	1.3	1.35	1.45	1.4	1.05	1.5	1.4	1.5	1.5	1.55
滚筒直径 D/mm	280	250	260	270	270	300	260	290	300	290

工作条件:输送机连续工作,单向提升,载荷平稳,两班制工作,使用年限10年,输送带速度允许误差为±5%。

题目二 设计带式输送机中的传动装置二

运动简图见图1.2,原始数据见表1.3。

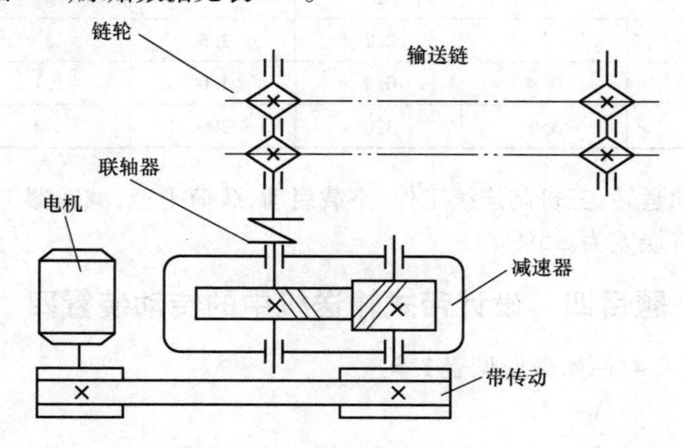

图1.2 传动装置二运动简图

表 1.3　传动装置二原始数据

已知条件	题号				
	1	2	3	4	5
输送链拉力 F/kN	3	3.4	4	4.2	4.3
链轮直径 D/mm	350	300	400	380	420
链轮转速 n/(r/min)	60	60	40	40	36

工作条件:单向转动,轻微振动,连续工作,两班制,使用年限5年,输送链速度允许误差为±5%。

题目三　设计带式输送机中的传动装置三

运动简图见图1.3,原始数据见表1.4。

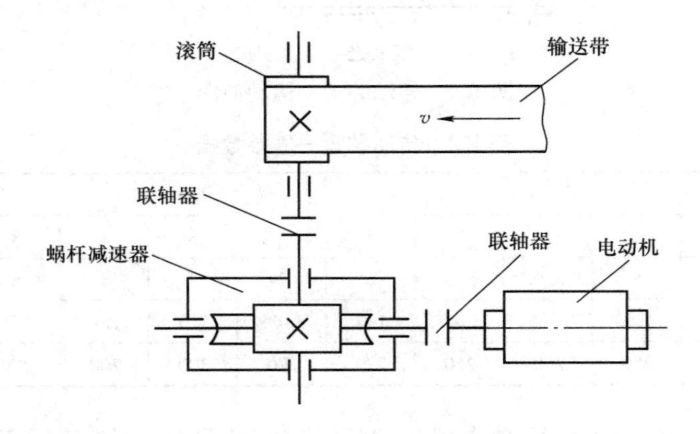

图1.3　传动装置三运动简图

表 1.4　传动装置三原始数据

已知条件	题号				
	1	2	3	4	5
输送带拉力 F/kN	2	2.2	2.5	3	4.1
输送带速度 v/(m/s)	0.8	0.9	1.0	1.1	0.85
滚筒直径 D/mm	350	320	300	275	380

工作条件:单向运转,三班制连续工作,空载启动,载荷平稳,减速器工作寿命不低于10年,输送带速度允许误差为±5%。

题目四　设计带式输送机中的传动装置四

运动简图见图1.4,原始数据见表1.5。

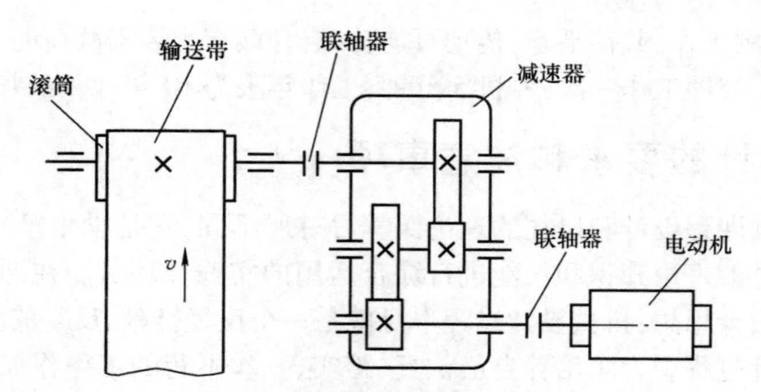

图 1.4　传动装置四运动简图

表 1.5　传动装置四原始数据

已知条件	题号				
	1	2	3	4	5
输送带拉力 F/kN	1.6	1.8	2	2.4	2.6
输送带速度 v/(m/s)	1.5	1.1	0.9	1.2	1.2
滚筒直径 D/mm	400	350	300	300	300

工作条件：单向运转，有轻微振动，经常满载启动，单班制工作，使用年限5年，输送带速度允许误差为±5%。

题目五　设计绞车传动装置

运动简图见图1.5，原始数据见表1.6。

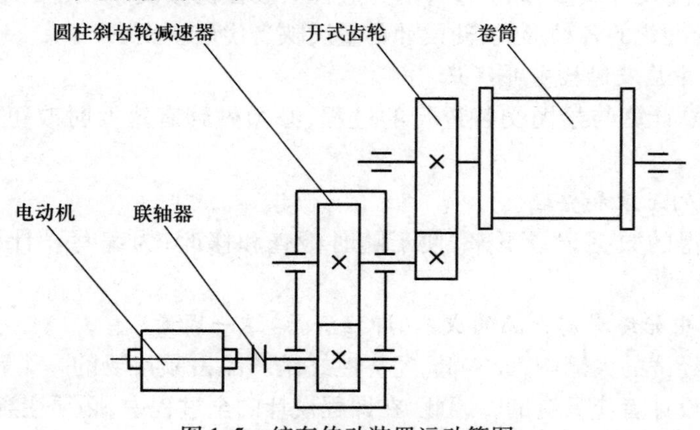

图 1.5　绞车传动装置运动简图

表 1.6　绞车传动装置原始数据

已知条件	题号				
	1	2	3	4	5
卷筒圆周力 F/kN	5	7.5	8.5	10	11.5
卷筒转速 n/(r/min)	60	55	50	45	40
卷筒直径 D/mm	350	400	450	500	350

工作条件:间歇工作,载荷平稳,传动可逆转,启动载荷为名义载荷的1.25倍,传动比误差为±5%,每隔2分钟工作一次,停机5分钟,工作年限为10年,两班制工作。

1.4 课程设计的要求和注意事项

机械设计基础课程设计和以往的理论课学习有所不同,它是学生第一次较全面地将所学的有关机械设计的理论知识和技能进行综合运用的实践性环节。在课程设计中,首先要树立一个正确的设计思想:机械设计过程本身就是一个反复推敲、反复修正的过程。这就要求学生在整个设计过程中力求培养自己认真、踏实、一丝不苟的工作作风,要认真对待每一个设计细节,要经得起反复修正,不能敷衍塞责,必须树立保质、保量、按时完成任务的思想。另外,要有意识地复习先修课程中的有关知识,认真阅读各种有关资料,充分发挥自己的主观能动性和创造性,只有这样才能达到培养综合设计技能的要求。

在课程设计中应注意以下几个问题。

1. 课程设计应当由学生独立完成

教师的主导作用在于启发学生的设计思路,解答学生的疑难问题,并按设计进度进行阶段审查。学生必须发挥自己分析问题和解决问题的能力,不能过分依赖教师。

2. 注意强度、刚度、结构、工艺和装配等诸要求的关系

在机械设计过程中必须建立一个较为完整的设计概念,只有这样才能得到较好的设计结果。设计过程中要综合考虑强度、刚度、工艺性等多方面要求。

3. 注意标准和规范的采用

设计中采用标准和规范,可减轻设计工作量,缩短设计时间,增加零件的互换性,降低设计和制造成本,提高设计质量,保证设计的先进性。故在机械设计中应尽可能多地采用最新标准,充分利用标准化的各种形式,使设计尽量反映当代最新成果。

4. 设计过程中应及时检查并修正

设计的过程是计算与绘图交替进行的过程,必须做到有错及时改正,不怕返工,一丝不苟。

5. 注意数据的记录和整理

将每一步所得的数据记录下来,便于随时检查和修改,为编写设计计算说明书做好准备。

6. 设计过程中始终考虑产品的成本(即经济性)这一因素

在如今市场经济的大潮中,成本低、经济性好是产品占领市场的一个首要因素,这一概念必须是每一位设计者应具有的。因此,在课程设计的全过程中,必须注意影响产品成本的诸多因素。例如在设计过程中尽可能地采用标准件,这也是降低产品成本的一个首要原则。另外,在满足使用要求、强度、刚度、结构工艺性、安装等因素的条件下,尽可能使设计零件的毛坯种类少,形状合理,结构简单,易于加工,便于安装、拆卸、维修。这样既能减少材料的成本,又能降低制造、安装和维修的费用。

总之,设计是一项继承和创造的工作,任何一个设计都有很多解决方案。因此,学习机械设计不但要借鉴以往积累下来的宝贵经验和资料,还要有创新精神,提高自己分析和解决实际工程设计问题的能力。

任务 2　机械传动装置的总体设计

传动装置的总体设计主要包括确定传动方案、选择原动机、确定总传动比和合理分配各级传动比以及计算传动装置的运动和动力参数等,为下一步计算各级传动件提供条件。

2.1　确定传动方案

机器通常由原动机、传动装置和工作机三部分组成。其中,传动装置是将原动机的动力和运动传递给工作机,是机器的重要组成部分。传动装置的传动方案除了应满足工作装置的功能要求外,还应满足结构简单、制造安装方便、成本低、传动效率高等条件。

传动装置的传动方案通常用机构简图表示,机构简图反映了运动和动力传递的路线、方式以及各部件的组成和连接关系。在课程设计中,可同时考虑几个方案,通过分析比较,最后选择其中较合理的一种。如果设计任务书给定传动装置方案,学生则应了解和分析这种方案的特点。

在分析传动方案时,应注意常用传动方式的特点及其在布局上的要求。

(1)带传动承载能力较低,传递相同转矩时,较啮合传动平稳,能缓冲吸振。因此,带传动宜布置在传动装置的高速级。

(2)链传动运转不均匀,有冲击,故宜布置在低速级。

(3)蜗杆传动可以实现较大的传动比,传动平稳,适用于中小功率、间歇运动的场合,但其承载能力较齿轮低,故常布置在传动装置的高速级,以获得较小的结构尺寸和较高的齿面相对滑动速度。这样有利于形成液体动压润滑油膜,从而使承载能力和效率得以提高。当蜗轮材料采用铝铁青铜或铸铁时,则应布置在低速级,使齿面滑动速度较低,以防止产生胶合或严重磨损。

(4)圆锥齿轮,特别是大模数圆锥齿轮加工较困难,所以只在需要改变轴的方向时才采用,且一般应放在高速级,并限制其传动比。

(5)斜齿轮传动的平稳性较直齿轮传动好,常用在高速级或要求传动平稳的场合。

(6)开式齿轮传动的工作环境一般较差,润滑条件不良,磨损较严重,故寿命较短,应布置在低速级。

(7)传动装置的布局要求尽可能做到结构紧凑匀称、强度和刚度好、适合车间布置情况以及便于工人操作和维修。

图 2.1 是带式运输机的四种传动方案,通过分析比较(表 2.1),最后选择其中较合理的方案(d),即采用 V 带传动($i=2\sim4$)和一级圆柱齿轮减速器($i=3\sim5$)传动。

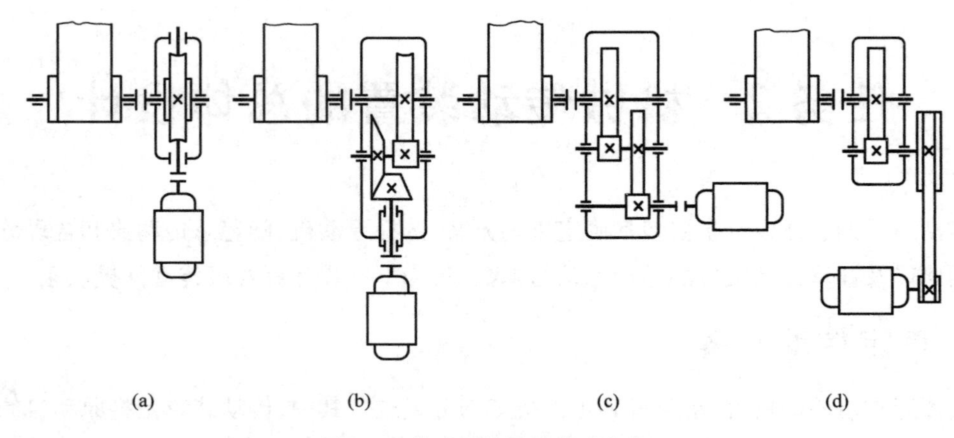

图2.1 带式运输机的传动方案

表2.1 传动方案的比较

传动方案	特 点
(a)	结构紧凑,若在大功率和长期运转条件下使用,则由于蜗杆传动效率低,功率损耗大,很不经济
(b)	宽度尺寸小,适于在恶劣环境下长期连续工作,但圆锥齿轮加工比圆柱齿轮困难
(c)	与(b)方案相比较,宽度尺寸较大,输入轴线与工作机位置是水平位置,宜在恶劣环境下长期工作
(d)	宽度和长度尺寸较大,带传动不适应繁重的工作条件和恶劣的环境,但若用于链式或板式运输机,有过载保护作用

2.2 确定减速器结构和零部件类型

2.2.1 常用减速器的主要形式、特点及应用

减速器多用来作为原动机与工作机之间的减速传动装置。在某种场合也可用作增速传动装置,称为增速器。根据传动形式,减速器可分为齿轮、蜗杆和齿轮-蜗杆减速器;根据齿轮形状不同,可分为圆柱、圆锥和圆柱-圆锥齿轮减速器;根据传动的级数,可分为一级、二级和多级减速器;根据传动的结构布置形式,还可分为展开式、同轴式和分流式减速器。常用减速器的形式及特点见表2.2。

表2.2 常用减速器的形式及特点

名称		形式	推荐传动比范围	特点及应用
一级减速器	圆柱齿轮	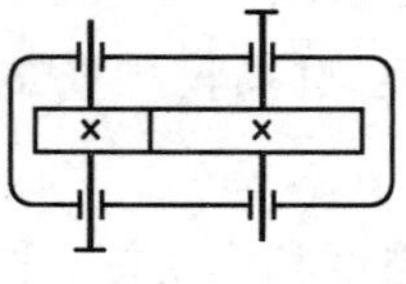	直齿 $i \leqslant 5$, 斜齿、人字齿 $i \leqslant 10$	轮齿可做成直齿、斜齿或人字齿。箱体通常用铸铁做成,单件或少批量生产时可采用焊接结构,尽可能不用铸钢件。支承通常用滚动轴承,也可用滑动轴承
	圆锥齿轮	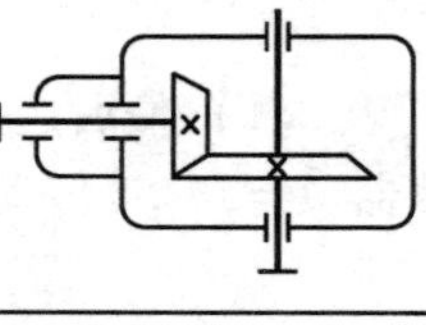	直齿 $i \leqslant 3$, 斜齿 $i \leqslant 6$	用于输入轴和输出轴垂直相交的传动

续表

名称	形式	推荐传动比范围	特点及应用
一级减速器	下置式蜗杆	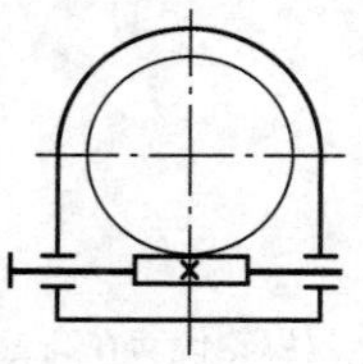 $i=10\sim70$	蜗杆在蜗轮的下边，润滑方便，效果较好，但蜗杆搅油损失大，一般用于蜗杆圆周速度 $v\leqslant 4\sim5$ m/s 的场合
	上置式蜗杆	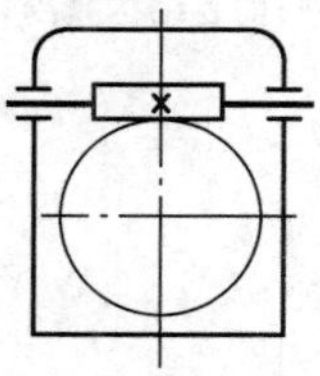	蜗杆在蜗轮的上边，装拆方便，一般用于蜗杆圆周速度 $v>4\sim5$ m/s 的场合
二级减速器	圆柱齿轮展开式	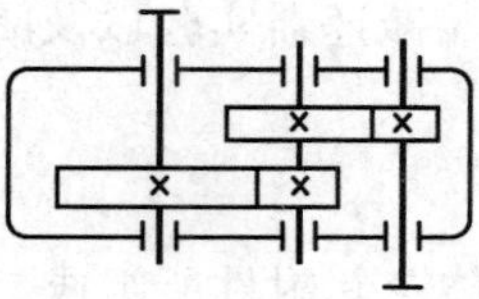 $i=i_1i_2=8\sim40$	是二级减速器中最简单的一种，由于齿轮相对于轴承位置不对称，轴应具有较大的刚度，用于载荷平稳的场合，高速级常用斜齿轮，低速级用斜齿或直齿轮
	圆柱齿轮分流式	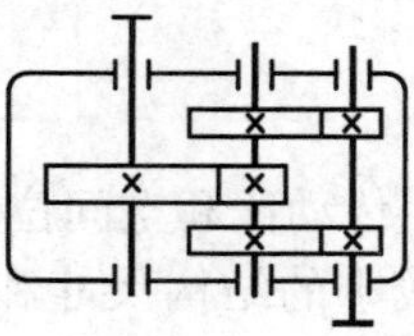	高速级常用斜齿轮，低速级用人字齿或直齿轮，由于低速级齿轮与轴承对称分布，沿齿宽受载均匀，轴承受力也均匀，常用于变载荷场合
	圆柱齿轮同轴式	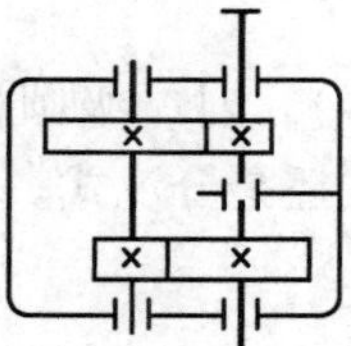	减速器径向尺寸小，两对齿轮浸入油中深度大致相等；但减速器轴向尺寸和质量较大，且中间轴较长，载荷沿齿宽分布不均匀，高速轴的承载能力难以充分利用
	圆锥-圆柱齿轮	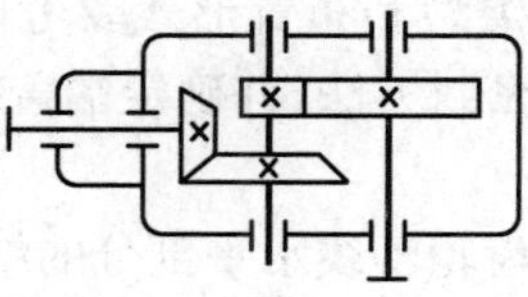 $i=i_1i_2=8\sim15$	圆锥齿轮应用在高速级，使齿轮尺寸不致太大，否则加工困难；圆锥齿轮可用直齿或圆弧齿，圆柱齿轮可用直齿或斜齿
	二级蜗杆	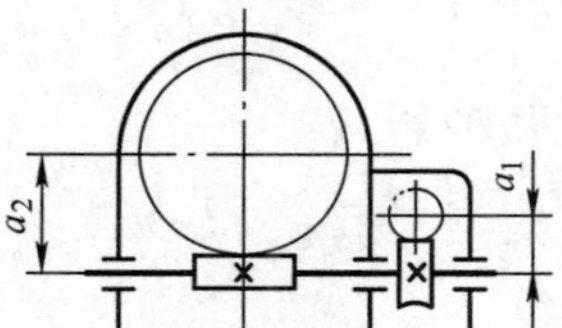 $i=i_1i_2=70\sim2\ 500$	传动比大，结构紧凑，但传动效率低

续表

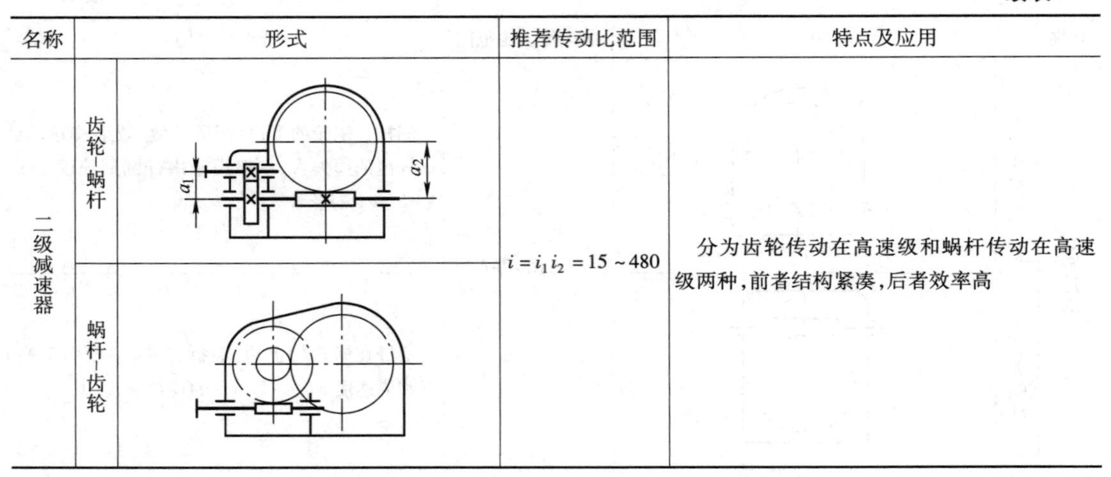

名称	形式		推荐传动比范围	特点及应用
二级减速器	齿轮-蜗杆	a_1 a_2	$i=i_1i_2=15\sim480$	分为齿轮传动在高速级和蜗杆传动在高速级两种,前者结构紧凑,后者效率高
	蜗杆-齿轮			

进行减速器设计以前,可以通过参观模型和实物、拆装减速器实验以及阅读典型的减速器装配图来了解减速器的组成和结构。

2.2.2 确定减速器结构和零部件类型

减速器主要由传动件(齿轮或蜗杆等)、轴、轴承、箱体及其附件所组成。减速器的主要附件有检查孔、放油螺塞、油面指示器、通气器、起盖螺钉等。在了解减速器结构的基础上,根据工作条件,初步确定以下内容。

1. 选定减速器传动级数

减速器传动级数根据工作机转速要求,由传动件类型、传动比和空间位置要求而定。例如,对圆柱齿轮传动,当减速器传动比 $i>8$ 时,为了得到较小的结构尺寸和质量,宜采用二级以上的传动形式。

2. 确定传动件布置形式

没有特殊要求时,轴线尽量采用水平布置(卧式减速器)。对二级圆柱齿轮减速器,由传递功率的大小和轴线布置要求来决定采用展开式、同轴式还是分流式。对蜗杆减速器,由蜗杆圆周速度大小来决定蜗杆是上置还是下置。

3. 初选轴承类型

一般减速器都采用滚动轴承,大型减速器也有采用滑动轴承的。滚动轴承的类型根据载荷和转速等要求而定。蜗杆轴受较大轴向力,其轴承类型和布置形式要考虑轴向力的大小。此外,选轴承时还要考虑轴承的调整、固定、润滑和密封方法,并确定端盖结构形式。

4. 确定减速器箱体结构

通常在没有特殊要求时,齿轮减速器箱体都采用沿齿轮轴线水平剖分的结构,以利于加工和装配。对蜗杆减速器箱体可以沿蜗轮轴线剖分,也可采用整体式箱体结构。

5. 选择联轴器的类型

对高速轴常用弹性联轴器,低速轴常用可移式刚性联轴器。

2.3 选择电动机

电动机是最常见的原动机,已经标准化、系列化。选择电动机时,应该按照工作机的特性、工作环境、工作载荷的大小等条件,选择电动机的类型和型号。

2.3.1 电动机类型的选择

选择电动机类型应根据电源种类(直流、交流)、工作要求(转速高低、启动特性和过载情况等)、工作环境(尘土、油、水、爆炸气体等)、负载大小和性质、安装要求等条件选用。

生产中一般采用三相交流感应电动机。在经常启动、制动及反转的场合,要求电动机转动惯量小和过载能力大,选用笼型感应电动机或绕线转子感应电动机。电动机结构有开启式、封闭式、防护式和防爆式,可根据防护要求选择。

我国生产的Y系列产品,是一般用途的全封闭自扇冷笼型感应电动机。它主要用于金属切削机床、风机、运输机、搅拌机和食品机械等传动装置上。但不宜用于易燃、易爆、易腐蚀或有其他特殊要求的场合。常用电动机的标准系列见附录8。

2.3.2 电动机功率的确定

电动机的功率与电动机的经济性和工作性能有直接的联系。如果电动机的额定功率小于工作机所要求的功率,就不能保证工作机正常工作,甚至使电动机长期过载而过早损坏;如果电动机的额定功率大于工作机所要求的功率过多,则电动机价格高,容量未得到充分利用,浪费资源。

通常对在变载荷作用下,长期连续稳定运行的机械,要求所选电动机的额定功率稍大于工作机功率。在一般情况下,不必校验电动机的发热和启动力矩。电动机工作时需要的功率P_0按下式计算:

$$P_0=\frac{P_w}{\eta_a} \tag{2.1}$$

式中 P_0——电动机功率,kW;

P_w——工作机所需功率,kW;

η_a——从电动机到工作机间各运动副的总机械效率。

工作机所需功率P_w一般根据工作机的生产阻力和运动参数计算:

$$P_w=\frac{Fv}{1\,000\eta_w} \tag{2.2}$$

或

$$P_w=\frac{Mn_w}{9\,550\eta_w} \tag{2.3}$$

式中 F——工作机的生产阻力,N;

v——工作机的速度,m/s;

M——工作机的阻力矩,N·m;

n_w——工作机的转速,r/min;

η_w——工作机的效率。

总效率按下式计算:

$$\eta_a=\eta_1\eta_2\eta_3\cdots\eta_n \tag{2.4}$$

式中 $\eta_1,\eta_2,\eta_3,\cdots,\eta_n$——运动链中各运动副(如齿轮、轴承及联轴器等)的效率,其值可参考表2.3选取。

表 2.3　机械传动的效率概略值

种类		传动效率
圆柱齿轮传动	很好跑合的 6 级精度和 7 级精度齿轮传动(油润滑)	0.98 ~ 0.99
	8 级精度的一般齿轮传动(油润滑)	0.97
	9 级精度的齿轮传动(油润滑)	0.96
	加工齿的开式齿轮传动(脂润滑)	0.94 ~ 0.96
	铸造齿的开式齿轮传动	0.90 ~ 0.93
蜗杆传动	自锁蜗杆(油润滑)	0.4 ~ 0.45
	单头蜗杆(油润滑)	0.7 ~ 0.75
	双头蜗杆(油润滑)	0.75 ~ 0.82
	三头和四头蜗杆(油润滑)	0.8 ~ 0.92
	圆弧面蜗杆传动(油润滑)	0.85 ~ 0.95
带传动	平带无压紧轮的开式传动	0.98
	平带有压紧轮的开式传动	0.97
	平带交叉传动	0.9
	V 带传动	0.96
链传动	焊接链	0.93
	片式关节链	0.95
	滚子链	0.96
	齿形链	0.97
滚动轴承	球轴承(稀油润滑)	0.99
	滚子轴承(稀油润滑)	0.98
圆锥齿轮传动	很好跑合的 6 级精度和 7 级精度齿轮传动(油润滑)	0.97 ~ 0.98
	8 级精度的一般齿轮传动(油润滑)	0.94 ~ 0.97
	加工齿的开式齿轮传动(脂润滑)	0.92 ~ 0.95
	铸造齿的开式齿轮传动	0.88 ~ 0.92
联轴器	齿式联轴器	0.99
	弹性联轴器	0.99 ~ 0.995
	万向联轴器	0.95 ~ 0.97
	滑块联轴器	0.97 ~ 0.99
滑动轴承	润滑不良	0.94
	润滑正常	0.97
	润滑特好(压力润滑)	0.98
	液体摩擦	0.99
减(变)速器	单级圆柱齿轮减速器	0.97 ~ 0.98
	双级圆柱齿轮减速器	0.95 ~ 0.96
	单级行星圆柱齿轮减速器	0.95 ~ 0.96
	单级行星摆线针轮减速器	0.90 ~ 0.97
	单级圆锥齿轮减速器	0.95 ~ 0.96
	双级圆锥 - 圆柱齿轮减速器	0.94 ~ 0.95
	无级变速器	0.92 ~ 0.95

计算总效率时要注意以下几点。

(1)同类型的几对运动副(如轴承或联轴器)要分别考虑效率,例如有两级齿轮传动副时,效率为 $\eta_{齿} \cdot \eta_{齿} = \eta_{齿}^2$。

(2)当资料给出的效率数值为一个范围时,一般可取中间值,如工作条件差、加工精度低、润滑脂润滑或维护不良时,则应取低值;反之可取高值。

(3)蜗杆传动效率与蜗杆头数及材料有关,应先初选头数,估计效率,初步设计出蜗杆、蜗轮参数后,再计算效率并校验电动机所需功率。

2.3.3　电动机转速的确定

容量相同的同类型电动机,可以有不同的转速。如三相感应电动机常用的有四种同步转速,即 3 000 r/min、1 500 r/min、1 000 r/min 和 750 r/min。

电动机转速的可选范围,可根据工作机转速的要求和各级运动副的合理传动比范围(见表 2.4)按下式计算:

$$n'_d = i'_a n_w = (i'_1, i'_2, i'_3, \cdots, i'_n) n_w \tag{2.5}$$

式中　n'_d——电动机可选转速范围，r/min；

i'_a——传动装置总传动比的合理范围；

$i'_1, i'_2, i'_3, \cdots, i'_n$——各级运动副传动比的合理范围；

n_w——工作机的转速，r/min。

表2.4　各类传动合理传动比的数值范围

传动类型		传动比一般范围	传动比最大值
圆柱齿轮传动	一级开式传动	3~7	15~20
	一级减速器	3~6	12.5
	二级减速器	8~40	60
	一级行星（NGw）减速器	3~9	13.7
	二级行星（NGw）减速器	10~60	150
圆锥齿轮传动	一级开式传动	2~4	8
	一级减速器	2~3	6
圆锥-圆柱齿轮减速器		10~25	40
蜗杆传动	一级开式传动	15~60	120
	一级减速器	10~40	80
	二级减速器	70~800	3600
蜗杆-圆柱齿轮减速器		60~90	480
圆柱齿轮-蜗杆减速器		60~80	250
带传动	开口平带传动	2~4	6
	有张紧轮的平带传动	3~5	8
	V带传动	2~4	7
链传动		2~6	8
圆柱摩擦轮传动		2~4	8

一般多选用同步转速为1 500 r/min和1 000 r/min的电动机。如无特殊要求，不采用低于750 r/min的电动机。低转速电动机的极数多，外部尺寸及质量都较大，价格高，但可使传动装置总传动比及尺寸较小；高转速电动机则相反。因此，确定电动机转速时，应按具体情况进行分析和比较。

根据选定的电动机类型、结构、容量和转速，查出电动机型号后，应将其型号、性能参数和主要尺寸记下备用。

传动装置的设计功率通常按实际需要的电动机工作功率P_0考虑，而转速则按电动机额定功率时的转速n_m（满载转速，不等于同步转速）计算。

[例2.1]　如图2.2所示带式运输机传动方案，已知卷筒直径$D=250$ mm，运输带的有效拉力$F=4\ 800$ N，卷筒效率（不包括轴承）$\eta_5=0.96$，运输带速度$v=0.5$ m/s，在室内常温下长期连续工作，环境有灰尘，电源为三相交流，电压380 V，试选择合适的电动机。

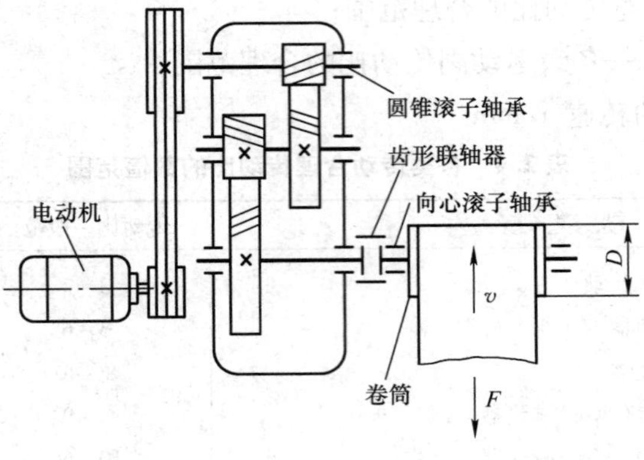

图 2.2　带式运输机传动方案

解:

1. 选择电动机类型

本减速器在常温下连续工作,载荷平稳,对启动无特殊要求,但工作环境有灰尘,故选用 Y 型三相笼型感应电动机,封闭式结构,电压为 380 V。

2. 确定电动机功率

工作机所需功率　$P_w = \dfrac{Fv}{1\,000\eta_w} = \dfrac{4\,800 \times 1.05}{1\,000 \times 0.96} = 5.25\ \text{kW}$

电动机的工作功率　$P_0 = \dfrac{P_w}{\eta_a}$

电动机到卷筒轴的总效率　$\eta_a = \eta_1 \eta_2^3 \eta_3^2 \eta_4$

由表 2.3 查得:$\eta_1 = 0.96$,$\eta_2 = 0.98$(滚子轴承),$\eta_3 = 0.97$(齿轮精度为 8 级),$\eta_4 = 0.999$(齿形联轴器),代入得

$$\eta_a = 0.96 \times 0.98^3 \times 0.97^2 \times 0.99 = 0.84$$

$$P_0 = \frac{p_w}{\eta_a} = \frac{5.25\ \text{kW}}{0.84} = 6.25\ \text{kW}$$

查附录 8,选电动机额定功率为 7.5 kW。

3. 确定电动机转速

卷筒轴工作转速为

$$n_w = \frac{60 \times 1\,000 v}{\pi D} = \frac{60 \times 1\,000 \times 1.05}{3.14 \times 250}\ \text{r/min} = 80\ \text{r/min}$$

按表 2.4 推荐的传动比合理范围,取 V 带传动的传动比 $i_1' = 2 \sim 4$,二级圆柱齿轮减速器传动比 $i_2' = 8 \sim 40$,则总传动比合理范围为 $i_a' = 16 \sim 160$,电动机转速的可选范围为 $n_d' = i_a' n_w = (16 \sim 160) \times 80\ \text{r/min} = 1\,280 \sim 12\,800\ \text{r/min}$。符合这一范围的同步转速有 750 r/min、3 000 r/min 两种,可查得两种方案,见表 2.5。

表2.5 电动机选用方案表

方案	电动机型号	额定功率	电动机转速(r/min)	
		P_{ed}/kW	同步转速	满载转速
1	Y132S2-2	7.5	3 000	2 900
2	Y132M-4	7.5	1 500	1 440

综合考虑减轻电动机及传动装置的质量和节约资金,选用第2种方案。因此,选定电动机型号为Y132M-4,所选电动机的额定功率为7.5 kW,满载转速为1 440 r/min,总传动比适中,传动装置结构紧凑。

2.4 确定总传动比和分配各级传动比

2.4.1 总传动比的确定

由选定的电动机满载转速 n_m 和工作机转速 n_w,可得传动装置的总传动比为

$$i_a = \frac{n_m}{n_w} \tag{2.6}$$

传动装置若由多级传动串联而成,则其总传动比为

$$i_a = i_1 i_2 i_3 \cdots i_n \tag{2.7}$$

式中 $i_1, i_2, \cdots, i_n$——各级传动比。

2.4.2 传动比的分配

设计二级和三级减速器时,合理分配总传动比,可使传动装置得到较小的外轮廓尺寸或较轻的质量,以实现降低成本和结构紧凑的目的,也可以使传动零件获得较低的圆周速度以减小齿轮动载荷和降低传动精度等级,还可以得到较好的润滑条件。但同时满足这几方面的要求比较困难,因此在分配传动比时,应根据设计要求考虑不同的分配方案。

具体分配传动比时应考虑以下几点。

(1)各级各类传动比值可按表2.4推荐范围选取。

(2)分配各传动形式的传动比时,应注意使各传动件尺寸协调,结构匀称合理。例如,在V带-齿轮减速器传动中,要避免大带轮半径大于减速器输入轴的中心高(见图2.3)而造成安装不便。在分配传动比时,应使带传动的传动比小于齿轮传动的传动比。

(3)总传动比和中心距都相同而传动比分配不同,对结构尺寸的影响见图2.4。图中粗实线所示的方案中其大齿轮直径较小,从而使传动装置总体尺寸显得紧凑。

(4)各传动零件之间不应互相干涉,图2.5中由于高速级传动比过大,造成高速级大齿轮与低速轴相碰。

(5)在卧式齿轮减速器中,常使各级大齿轮直径相近,以便使其浸油深度大致相等。由于低速级齿轮的圆周速度较低,故其大齿轮的浸油深度可略深一些。

(6)总传动比分配还应考虑载荷的性质。对平稳载荷,各级传动比可取整数;对于周期性变动载荷,为防止局部损坏,通常在齿轮传动中使一对相互啮合的齿轮齿数为互质。

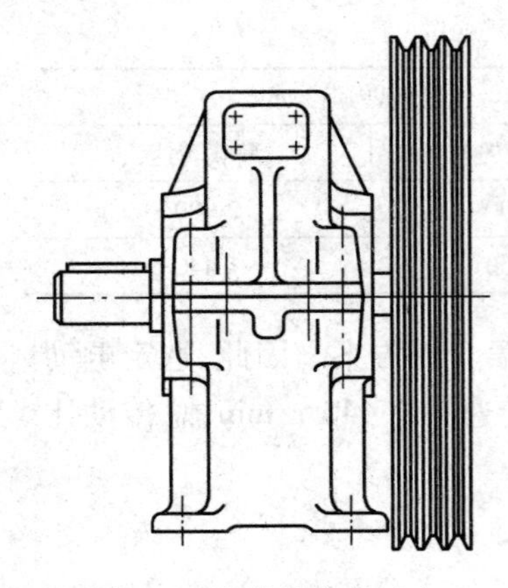

图 2.3　大带轮直径过大

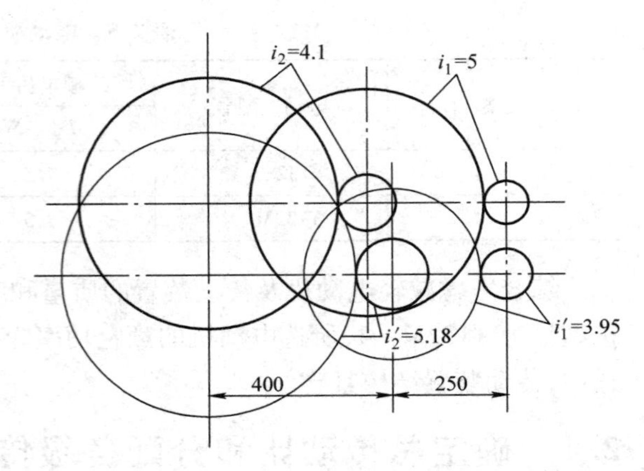

图 2.4　传动比分配不同对结构尺寸的影响

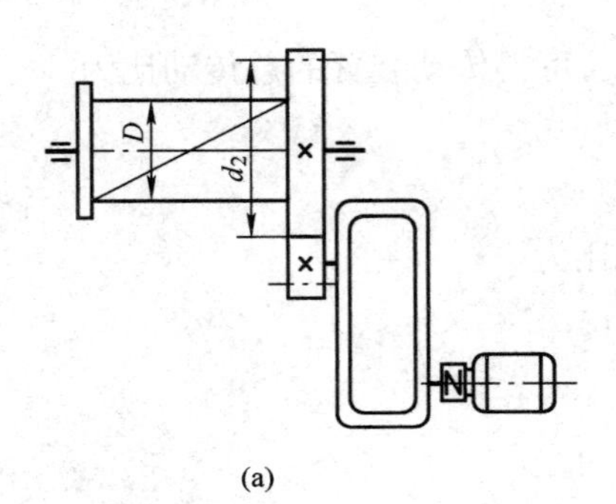

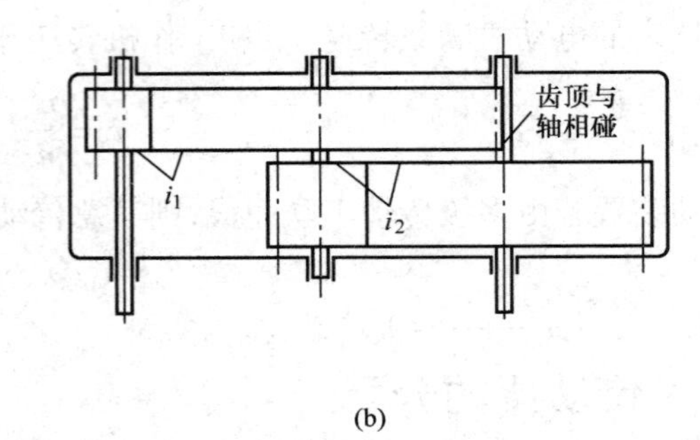

图 2.5　传动零件互相干涉

2.5　传动装置的运动参数和动力参数的计算

进行机械设计计算时需要分别求出各轴的输入功率、转矩和转速。为便于计算,将各轴由高速至低速分别定为Ⅰ轴、Ⅱ轴……,将电动机轴定为 I_0,并且

$i_0,i_1,\cdots$——相邻两轴间的传动比;

$\eta_{01},\eta_{12},\cdots$——相邻两轴间的传动效率;

$P_{\text{I}},P_{\text{II}},\cdots$——各轴的输入功率,kW;

$T_{\text{I}},T_{\text{II}},\cdots$——各轴的输入转矩,N·m;

$n_1,n_2,\cdots$——各轴的转速,r/min。

由电动机轴至工作机方向进行推算,得各轴运动和动力参数计算公式,见表 2.6。

表 2.6　各轴运动和动力参数计算公式

轴号	功率 P/kW	转矩 T/(N·m)	转速 n/(r/min)	传动比
电动机轴 I_0	P_0	$T_0=9550P_0/n_0$	n_0	i_0
Ⅰ轴	$P_{\text{I}}=P_0\eta_{01}$	$T_{\text{I}}=T_0 i_0\eta_{01}$	$n_{\text{I}}=n_0/i_0$	
Ⅱ轴	$P_{\text{II}}=P_{\text{I}}\eta_{12}$	$T_{\text{II}}=T_{\text{I}} i_1\eta_{12}$	$n_{\text{II}}=n_{\text{I}}/i_1$	i_1
Ⅲ轴	$P_{\text{III}}=P_{\text{II}}\eta_{23}$	$T_{\text{III}}=T_{\text{II}} i_2\eta_{23}$	$n_{\text{III}}=n_{\text{II}}/i_2$	i_2

[例 2.2]　同前例2.1条件，计算传动装置各轴的运动和动力参数。

解：由表2.6可得

1. 各轴转速

Ⅰ轴：$n_{\mathrm{I}} = \frac{n_m}{i_0} = \frac{1\,440}{2.8}$ r/min = 514.29 r/min

Ⅱ轴：$n_{\mathrm{II}} = \frac{n_{\mathrm{I}}}{i_1} = \frac{514.29}{4.18}$ r/min = 123.03 r/min

Ⅲ轴：$n_{\mathrm{III}} = \frac{n_{\mathrm{II}}}{i_2} = \frac{123.03}{3.22}$ r/min = 38.21 r/min

卷筒轴：$n_{\mathrm{IV}} = n_{\mathrm{III}} = 38.21$ r/min

2. 各轴的功率

Ⅰ轴：$P_{\mathrm{I}} = P_0\eta_{01} = P_0\eta_1 = 6.2 \times 0.96$ kW = 5.95 kW

Ⅱ轴：$P_{\mathrm{II}} = P_{\mathrm{I}}\eta_{12} = P_{\mathrm{I}}\eta_2\eta_3 = 5.95 \times 0.98 \times 0.97 = 5.65$ kW

Ⅲ轴：$P_{\mathrm{III}} = P_{\mathrm{II}}\eta_{23} = P_{\mathrm{II}}\eta_2\eta_3 = 5.65 \times 0.98 \times 0.97 = 5.37$ kW

卷筒轴输入功率：$P_{\mathrm{IV}} = P_{\mathrm{III}}\eta_{34} = P_{\mathrm{III}}\eta_2\eta_4 = 5.37 \times 0.98 \times 0.999$ kW = 5.26 kW

3. 各轴的转矩

电机轴：$T_0 = 9\,550\frac{P_0}{n_0} = 9\,550 \times \frac{6.2}{1\,440}$ N · m = 41.12 N · m

Ⅰ轴：$T_{\mathrm{I}} = T_0 i_0 \eta_{01} = T i_0 \eta_{01} = 41.12 \times 2.8 \times 0.96 = 110.53$ N · m

Ⅱ轴：$T_{\mathrm{II}} = T_{\mathrm{I}} i_1 \eta_{12} = T_{\mathrm{I}} i_1 \eta_1 \eta_2 = 110.53 \times 4.18 \times 0.96 \times 0.98 = 434.66$ N · m

Ⅲ轴：$T_{\mathrm{III}} = T_{\mathrm{II}} i_2 \eta_{23} = T_{\mathrm{II}} i_2 \eta_2 \eta_3 = 434.66 \times 3.22 \times 0.98 \times 0.97 = 1\,330.46$ N · m

卷筒轴输入转矩：$T_{\mathrm{IV}} = T_{\mathrm{III}}\eta_2\eta_3 = 1\,330.46 \times 0.98 \times 0.97$ N · m = 1 264.74 N · m

将计算数值列表见表2.7。

表2.7　计算数值列表

轴　号	功率 P/kW	转矩 T/(N · m)	转速 n/(r/min)
电动机轴 I_0	6.20	41.12	1440
Ⅰ轴	5.95	110.53	514.29
Ⅱ轴	5.65	434.66	123.03
Ⅲ轴	5.37	1 330.46	38.21
卷筒轴	5.26	1 264.74	38.21

任务3 参数选择和零件尺寸及强度计算

机械传动装置的总体设计完成后，需要进行参数选择和零件尺寸及强度计算，主要包括传动零件的设计计算，轴系零部件的设计，减速器的结构设计及减速器的润滑和密封等。

3.1 传动零件的设计计算

传动零件的设计计算顺序应由高速级向低速级依次计算，同时选好连接两轴之间的联轴器。各传动零件的设计计算方法已在机械设计基础课程中学过，可按教材和设计参考资料进行计算。

3.1.1 选择联轴器的类型和型号

绝大多数联轴器均已标准化或规格化，设计者的任务是根据工作要求并参考各类联轴器特性，选择一种适用的联轴器类型，再按计算转矩 $T_{ca} \leqslant [T]$ 和 $n \leqslant n_{max}$，选择联轴器的型号（见附录9）。

选择时需注意以下几方面。

1. 联轴器类型的选择应由工作要求定

一般在传动装置中有两个联轴器：一个是连接电动机轴与减速器高速轴的联轴器，另一个是连接减速器低速轴与工作机主轴的联轴器。前者由于所连接轴的转速较高，传递的转矩小，为了减小启动载荷、缓和冲击，应选用具有较小转动惯量的弹性联轴器，如弹性套柱销联轴器。它不仅可以缓冲吸振，而且适用于频繁启动或正反转以及补偿轴向和角位移，但相对角位移大时，耐油橡胶制作的弹性圈易磨损。后者由于所连接轴的转速低，传递的转矩较大，减速器与工作机常不在同一底座上而要求有较大的轴线偏移补偿，因此常选用无弹性元件的挠性联轴器，如十字滑块联轴器等。

2. 注意协调轴孔直径

多数情况下，每一型号联轴器适用的轴的直径均有一个范围。标准中或者给出轴直径的最大值和最小值，或者给出适用直径的尺寸系列，被连接两轴的直径应当在此范围之内。一般情况下被连接两轴的直径是不同的，两个轴端的形状也可能不同。

3. 进行必要的校核

如有必要，应对联轴器的主要传动零件进行强度校核。使用有非金属弹性元件的联轴器时，还应注意联轴器所在部位的工作温度不要超过该弹性元件材料允许的最高温度。

联轴器的选择参照教材和设计手册进行。

3.1.2 设计减速器外传动零件

当所设计的传动装置中，除减速器以外还有其他传动零件（如带传动、链传动、开式齿轮传动等）时，通常首先设计计算这些零件。需要注意的是：传动装置的实际传动比因受齿轮齿数、带轮基准直径等因素的影响，它们与最初分配的传动比常有一定的误差。一般情况下，应使工作机的实际转速与要求转速的相对误差在 ±（3% ~5%）的范围之内。为使整个传动装置的传动比累积误差减小，在这些传动零件的参数（如带轮的基准直径、链轮齿数、开式齿轮的齿数等）确定后，外部传动的实际传动比即可确定，应据此修正减速器的传动比，再进行减速器内传动零件的设计。

1. 普通V带传动

V带已经标准化、系列化，设计的主要内容是确定带的型号和根数、带轮的材料、直径和轮缘宽度、作用在轴上力的大小和方向以及带轮的中心距等。设计时应注意如下问题。

（1）小带轮直径不要选得过小，轮径小使带的弯曲应力增大，降低带的疲劳寿命；带的根数一般应限制 $z<10$，常取 $z=3\sim6$，以避免根数多造成各根带受力不均。小带轮直径、带长均应符合标准系列。

（2）在带轮尺寸确定后，应检查带传动的尺寸在传动装置中是否合适，如直接装在电动机轴上的小带轮，其外圆半径是否小于电动机的中心高，大带轮外圆是否与其他零部件相碰等。如有不合适的情况应重新修改前面的设计方案。如图3.1所示，小带轮半径大于电动机中心高 H，这样设计不太合理。

（3）带轮毂孔直径、长度应与安装轴的轴伸尺寸相配。当带轮直接装在电动机轴上时，则其轮毂孔径应与电动机轴的直径相等，轮毂长度与电动机轴伸长度相匹配。当带轮装在减速器（非标准）或其他轴（如开式齿轮轴端或卷筒轴端等）上时，则带轮毂孔直径、长度要在轴的结构设计时完成。轮毂孔直径等于与之相配合的轴端直径，毂孔长度 l 根据轴孔直径 d 的大小确定，既可按轴伸标准系列（表）选用，也可按 $l=(1.5\sim2)d$ 取值。

（4）设计中应注意带轮轮缘宽度 B 和轮毂长度不一定相同，轮缘宽度 B 取决于带的型号和根数，而带轮轮毂长度 l 取决于轴径，如图3.2所示。

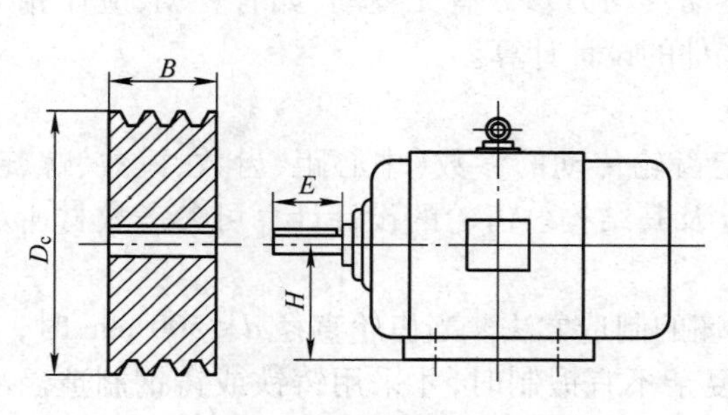

图3.1　小带轮与电动机配

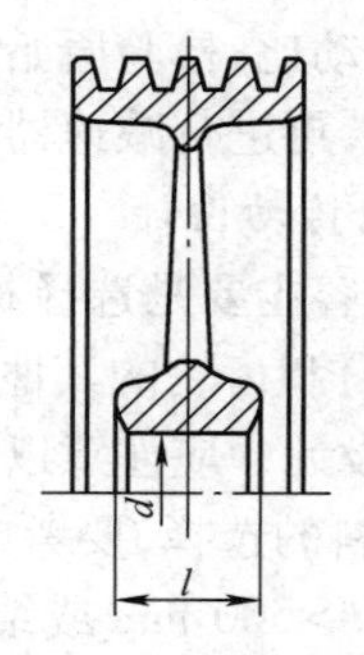

图3.2　大带轮孔径

（5）应计算出V带对轴的压力，因为在分析轴的受力时还要使用。

带轮结构的确定可参考设计手册，结构尺寸尽量圆整。

2. 链传动

设计链传动需确定出链节距、齿数、链轮直径、轮毂宽度、中心距及作用在轴上力的大小和方向等。设计时注意以下几个要点。

（1）当设计出的单排链链节尺寸过大时，为减小动载荷，可改选双排链或多排链；为不使大链轮尺寸过大，速度较低的链传动齿数不宜取得过多；小链轮的齿数最好为奇数或不能整除链节数；避免使用过渡链节，链节数最好取偶数。

（2）设计中还应注意检查链轮直径尺寸、轴孔尺寸、轮毂尺寸等是否与减速器、工作机协调。如大链轮安装在滚筒轴上,其直径应小于滚筒直径。

(3)由于滚子链轮端面齿形已经标准化,并由专门的刀具加工,因此链轮零件图只需画出链轮结构图,并按链轮标准在图上标注链轮参数即可。

(4)应确定润滑方式。

链轮结构的确定可参考设计手册,结构尺寸尽量圆整。

3. 开式齿轮传动

设计开式齿轮传动需确定出模数、齿数、分度圆直径、齿顶圆直径、齿宽、轮毂长度以及作用在轴上力的大小和方向。设计要点有以下几个。

(1)在选择和计算开式齿轮传动的参数时,首先按弯曲疲劳强度计算所需模数,在取标准值之后,再来计算其他参数。考虑磨损对弯曲疲劳强度的影响,应将计算所得的模数加大10% ~20%,或将许用弯曲应力降低20% ~35%。

(2)开式齿轮应用于低速传动,通常采用直齿。由于工作环境一般较差,灰尘大、润滑不良,故应注意材料的配对选择,使之具有较好的减磨和耐磨性能。

(3)开式齿轮轴的支承刚度较小,为减轻齿轮轮齿偏载的程度,齿宽系数宜取小些,一般取 $\varphi_a = 0.1 \sim 0.3$,常取 $\varphi_a = 0.2$。

(4)尺寸参数确定之后,应检查传动的外廓尺寸,如与其他零件发生干涉或碰撞,则应修改参数重新计算。

齿轮结构的确定可参考设计手册,结构尺寸尽量圆整。

3.1.3 设计减速器内传动零件

在减速器外的传动零件设计完成后,应计算箱外传动零件传动比,依据总传动比重新计算调整减速器传动比;检验原始计算的运动及动力参数有无变动,如有变动,应作相应的修改。在此基础上,再进行减速器内传动零件的设计计算。

1. 圆柱齿轮传动设计

设计计算内容主要是选择材料,确定齿轮传动的参数(中心距、齿数、模数、螺旋角、变位系数和齿宽等)和齿轮的其他几何尺寸及其结构。齿轮的设计计算可参考教材所示的步骤和公式进行,设计中应注意以下几点。

(1)齿轮材料的选择,要考虑齿轮毛坯的制造方法。当齿轮直径 $d \leqslant 500$ mm 时,一般采用锻造毛坯;当 $d > 500$ mm 或结构形状复杂不宜锻制时,才采用铸铁或铸钢制造。小齿轮齿根圆直径与轴颈直径接近时,多做成齿轮轴,材料应兼顾轴的要求,且同一减速器各级小齿轮轴材料尽可能一致,以减少材料的牌号和工艺要求。

(2)用热处理的方法可以提高材料的性能,尤其是提高硬度,从而提高材料的承载能力,还可以降低减速器的体积。按齿面硬度可以把钢制齿轮分为两类,即软齿面齿轮(齿面硬度≤350 HBS)和硬齿面齿轮(齿面硬度>350 HBS)。应按工作条件和尺寸要求选择齿面硬度。大小齿轮的齿面硬度差一般为

$$\text{软齿面齿轮} \quad HBW_1 - HBW_2 \approx 30 \sim 50$$

$$\text{硬齿面齿轮} \quad HRC_1 \approx HRC_2$$

当用初定参数按教材给出的强度公式进行设计和校核时,若遇某个强度条件不满足要求,应当调整齿轮参数,或改用其他材料或热处理。

(3)要正确处理设计计算的尺寸数据。为保证计算和制造的精度,斜齿轮的螺旋角 β

的数值必须精确计算到“秒”，齿轮分度圆直径必须精确计算到小数点后三位数值，绝对不允许随意圆整。直齿锥齿轮的节锥距只精确计算到小数点后三位，节锥角精确计算到“秒”。

(4)确定减速器齿轮传动中心距时应注意，设计的减速器若为大批生产，为提高零件的互换性，中心距等参数可参考标准减速器选取；若为单件或小批生产，中心距等参数可不必参考标准减速器的数值。但为了制造、安装方便，中心距应符合表(GB/T 2822—2005 标准尺寸)中 R40 系列的值。直齿圆柱齿轮传动可通过改变齿数、模数或采取变位，斜齿圆柱齿轮除可通过改变齿数、模数或采取变位，还可通过改变螺旋角实现中心距 R40 系列值的要求。

(5)齿轮结构尺寸可按参考资料给定的经验公式计算，但由于齿轮孔径和轮毂尺寸与轴的结构尺寸有关，暂不能确定。另外，轮辐、圆角和工艺斜度等结构尺寸可以在零件工作图的设计过程中再确定。结构尺寸应尽量圆整，以便于制造和测量。

2. 锥齿轮传动设计

圆锥齿轮的设计过程与圆柱齿轮设计过程相似，除此之外，还应注意以下几点。

(1)锥齿轮以大端模数为标准值，几何尺寸按大端模数计算。当两轴交角为90°时，δ_1、δ_2由齿轮的齿数比确定，其值要精确，不能圆整。

(2)由强度计算求出小圆锥齿轮的大端直径后，选定齿数，求出大端模数并圆整成标准值，即求出锥距、分度圆直径，这些值应精确计算，不能圆整。

(3)齿宽按齿宽系数求得并进行圆整，大、小锥齿轮的宽度应相等。

3. 蜗杆传动设计

蜗杆传动的设计条件、要求和设计过程与圆柱齿轮相同。蜗杆传动设计时还应注意以下几点。

(1)蜗杆传动副材料的选择和滑动速度有关，一般是在估计滑动速度的基础上选择材料，待参数计算确定后再验算滑动速度。

(2)蜗杆上置或下置取决于蜗杆分度圆的圆周速度 v_1，当 $v_1 \leqslant 10$ m/s 时，可取下置。

(3)为了便于加工，蜗杆和蜗轮的螺旋线的方向应选为右旋。

(4)在蜗杆传动的几何参数确定后，应校核其滑动速度和传动效率，如与初步估计有较大的出入，应重新修正计算。

(5)蜗杆蜗轮的结构尺寸，除啮合尺寸外，均应适当圆整。

(6)如果进行蜗杆轴强度及刚度验算或蜗杆发热计算，要先画出装配草图，确定蜗杆支点距离和箱体轮廓尺寸后才能进行。

3.2　轴系零部件的设计

3.2.1　轴径的初步选择

轴是减速器的主要零件之一，轴的结构决定轴上零件的位置和有关尺寸。因此，轴的设计是减速器设计过程中的重要环节。在设计轴的结构前，由于轴上零件位置尚未确定，所以先按纯扭转受力情况对轴的直径进行估算，见教材相关内容。

若轴上开有键槽，计算出的直径应加大3% ~5%(开一个键槽)或7% ~10%(开两个键槽)，然后圆整为标准直径，见表3.1。如果减速器输入轴通过联轴器与电动机轴相连接，则外伸段轴径与电动机轴径不得相差很大,否则难以选择合适的联轴器。也就是说,减速器输入轴轴端直径和电动机轴直径必须在所选取联轴器毂孔最大与最小直径允许范围内。为此,可取减速器输入轴轴端直径

$$d_e = (0.8 \sim 1.2) d_m \tag{3.1}$$

式中 d_m——电动机轴直径,mm。

3.2.2 轴承类型的选择

减速器中常用的轴承为滚动轴承。由于滚动轴承已标准化,由专业工厂制造,因此设计者的任务是正确选择轴承的类型及尺寸,进行必要的工作能力计算,进行合理的轴承组合设计。轴承类型选择是在了解各类轴承特点的基础上,综合考虑轴承的具体工作条件和使用要求进行的。选择时主要考虑轴承所受到的载荷、转速条件、调心性能、经济性及安装调整性能等因素。

轴承的内径尺寸可根据轴颈直径选定,轴承的型号应通过寿命计算最后确定。有关滚动轴承尺寸选择可参考附录10。

表3.1 标准轴径系列尺寸(GB/T 2822—2005) mm

R			Ra			R			Ra		
R10	R20	R40	R10	R20	R40	R10	R20	R40	R10	R20	R40
20.0	20.0	20.0	20	20	20	80	80.0	80.0	80	80	80
		21.2			21			85.0			85
	22.4	22.4		22	22		90.0	90.0		90	90
		23.6			24			95.0			95
25.0	25.0	25.0	25	25	25	100	100	100	100	100	100
		26.5			26			106			105
	28.0	28.0		28	28		112	112		110	110
		30.0			30			118			120
31.5	31.5	31.5	32	32	32	125	125	125	125	125	125
		33.5			34			132			130
	35.5	35.5		36	36		140	140		140	140
		37.5			38			150			150
40.0	40.0	40.0	40	40	40	160	160	160	160	160	160
		42.5			42			170			170
	45.0	45.0		45	45		180	180		180	180
		47.5			48			190			190
50.0	50.0	50.0	50	50	50	200	200	200	200	200	200
		53.0			53			212			210
	56.0	56.0		56	56		224	224		220	220
		60.0			60			236			240
63.0	63.0	63.0	63	63	63	250	250	250	250	250	250
		67.0			67			265			260
	71.0	71.0		71	71		280	280		280	280
		75.0			75			300			300

注:(1)选择系列及单个尺寸时,应首先在优先数系R系列中选用标准尺寸,选用顺序为R10、R20、R40。如果必须将数值圆整,可在相应的Ra系列中选用标准尺寸。

(2)本标准适用于机械制造业中有互换性或系列化要求的主要尺寸,其他结构尺寸也应尽量采用。对于由主要尺寸导出的因变量尺寸和工艺上工序间的尺寸,不受本标准限制。对已有专用标准规定的尺寸,可按专用标准选用。

3.2.3　轴的结构设计及轴、轴承、键的校核

1. 轴的结构设计

轴的结构设计是根据轴的具体工作条件，确定出轴的合理形状和结构尺寸。

减速器输入轴采用由轴端向中间轴的直径逐段增大的设计方法，而减速器从动轴采用由中间向两端轴的直径逐段减小的设计方法。减速器轴多为阶梯形，阶梯轴的径向尺寸（各轴段直径）的变化和确定主要取决于轴上零件的安装、固定、受力状况以及对轴表面结构、加工精度的要求等，用于安装标准零件及有配合要求的轴段直径应按相应的标准选取确定；阶梯轴的轴向尺寸（各轴段长度）则根据轴上零件的位置、配合长度、滚动轴承组合设计以及箱体有关尺寸来确定。不论何种具体条件，轴的结构都应满足定位要求、固定要求、制造安装要求和强度要求等。

1）径向尺寸的确定

（1）定位轴肩的高度。定位轴肩用于定位轴上零件或承受轴向力，其轴肩高度 h 要大一些，一般取 $h \geqslant (2 \sim 3)C$ 和 $h \geqslant (2 \sim 3)r$。其中，C 和 r 分别为被定位零件孔的倒角半径和圆角半径，应当特别注意的是，用于定位滚动轴承的轴肩高度，必须查阅轴承标准中的有关安装尺寸。

（2）非定位轴肩的高度。非定位轴肩主要是为了轴上零件的装拆方便或区分加工表面而设定的，其高度可小一些，一般 $h = 1 \sim 3$ mm。

（3）轴颈的直径。轴颈是轴与轴承相配合的部位，确定该部分尺寸时，要考虑与之配合的滚动轴承的类型和尺寸。应当注意的是，同一轴上的轴承型号尽可能相同。

（4）其他部分轴段的直径。需要车制螺纹的轴段，应留有螺纹退刀槽；需磨削的轴段，应在相应轴段留出砂轮越程槽。

2）轴向尺寸的确定

确定阶梯轴的每一段长度时应考虑以下几个因素。

（1）保证传动件在轴上固定可靠。为使传动件在轴上固定可靠，应使轮毂的宽度大于与之配合的轴段长度，以使固定件顶住轮毂，而不是顶在轴肩上。一般取轮毂的宽度与轴段长度之差 $\Delta = 1 \sim 2$ mm。

（2）轴承的位置应适当。安装轴承的轴段长度与轴承的润滑方式有关。若采用油润滑，应使轴承内侧端面与箱体内壁的距离为 3 ~ 5 mm；若采用脂润滑，为防止润滑油溅入轴承而带走润滑脂，需要在轴承内侧放置挡油环，此时轴承内侧端面与箱体内壁的距离为 8 ~ 12 mm。

（3）便于零件的装拆。轴外伸段的长度与外连接零件和固定端盖螺钉的装拆有关。如果轴伸出箱体外的长度过小，端盖螺钉和箱体外传动件的装拆均不方便。一般轴承端盖至箱体外传动件的距离应大于 15 ~ 20 mm。

2. 轴、轴承、键的校核

1）轴的强度校核

图 3.3 所示为单级圆柱齿轮减速器的设计草图。当零件按草图布置好后，即轴承的位置以及作用在轴上载荷的性质、大小、方向、作用点均确定时，根据轴各处受力大小及轴上应力集中情况，确定 1 ~ 2 个危险截面，然后按弯扭合成强度进行轴的强度校核。轴的强度校

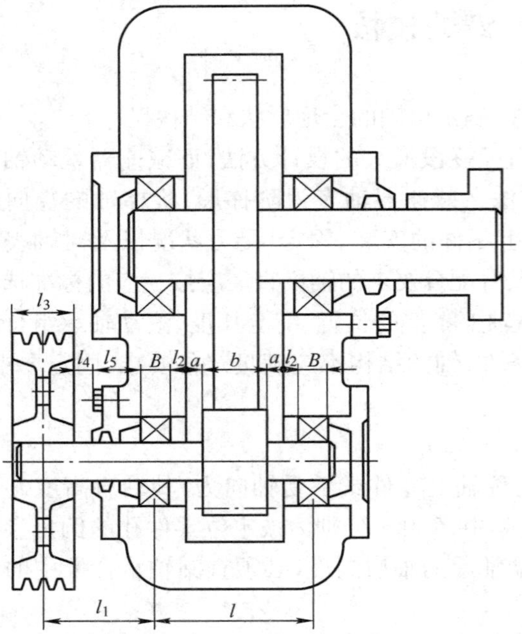

核见教材相关内容。

2)轴承的寿命校核

轴承寿命一般按照减速器的使用年限选定。对于初选的轴承型号,应根据载荷情况验算其寿命,如寿命不合乎要求,一般可更换轴承系列或类型,但不轻易改变轴承内孔尺寸(即轴颈直径尺寸)。具体计算方法详见教材。

3)键的校核

普通平键连接(静连接)的主要失效形式是工作面的压溃。除非过载严重,一般不会出现键的剪断。因此,通常按挤压应力对普通平键进行强度校核。

如果所选键不满足以上强度条件,可使用双键或三键,此时的强度计算可查阅有关的设计手册。

图3.3 单级圆柱齿轮减速器设计草图

3.2.4 滚动轴承的组合设计

为保证轴承能正常工作,除了正确地选择轴承的类型和尺寸外,还应正确地进行轴承的组合设计,以解决轴承的轴向固定和调整、轴承的润滑与密封、轴承的配合和装拆等问题。相关内容见教材。

滚动轴承支座必须具有足够的刚度。为了提高轴承支座的刚度,应尽量采用整体支座,并增加轴承支座处支座壁厚或设置加强肋。

保证座孔同轴度的有效方法是采用整体铸造支座,并使座孔直径相同,以便一次定位同时镗出两孔。当两端轴承外径不同时,为使座孔直径仍保持一致,可采用套杯结构;当两端轴承孔的同轴度难以保证或轴的中心线不能准确重合时,应采用调心轴承。

3.2.5 齿轮的结构设计

齿轮的强度计算确定了齿轮的主要参数和尺寸,如模数、齿数、中心距、齿宽、螺旋角、分度圆直径等,而齿轮的结构形式及齿圈、轮辐、轮毂等部分的尺寸,则由齿轮的结构设计确定。

齿轮的结构设计与齿轮的几何尺寸、毛坯、材料、加工方法、使用要求及经济性等多方面因素有关,进行结构设计时必须综合考虑上述因素。

对于直径较小的钢制齿轮,当其为圆柱齿轮时,若齿根圆到键槽底部的距离 $e<2m_t$(m_t为端面模数),或其为圆锥齿轮时,若小端齿根圆与键槽底部的距离 $e<1.6m$(m 为大端模数)时,应将齿轮和轴制造成一体,成为齿轮轴。这种齿轮轴常用作锻造毛坯。若 e 值超过上述尺寸时,应将齿轮与轴分开制造。齿轮常用的结构形式及结构尺寸参阅教材中的相关内容。

3.3 减速器的结构设计

3.3.1 通用减速器的结构

常用减速器已标准化，并且由专业工厂生产，使用者可根据具体工作条件选用标准减速器。但在生产实际中，标准减速器不能完全满足机器的功能要求，有时还需设计非标准减速器。非标准减速器有通用和专用两种，课程设计中的减速器设计一般是根据给定的设计条件和要求，参考已有的系列产品和一些有关资料进行通用非标准化设计。

通用减速器的结构根据其类型和要求不同而异。根据传动零件的形式，减速器可分为齿轮、蜗杆减速器；根据齿轮的形状不同，可分为圆柱齿轮、锥齿轮减速器；根据传动的级数，可分为一级和多级减速器；根据其毛坯制造方法，可分为铸造箱体和焊接箱体；根据箱体剖分与否，可分为剖分式箱体和整体式箱体。常用的减速器基本结构见图3.4和图3.5。

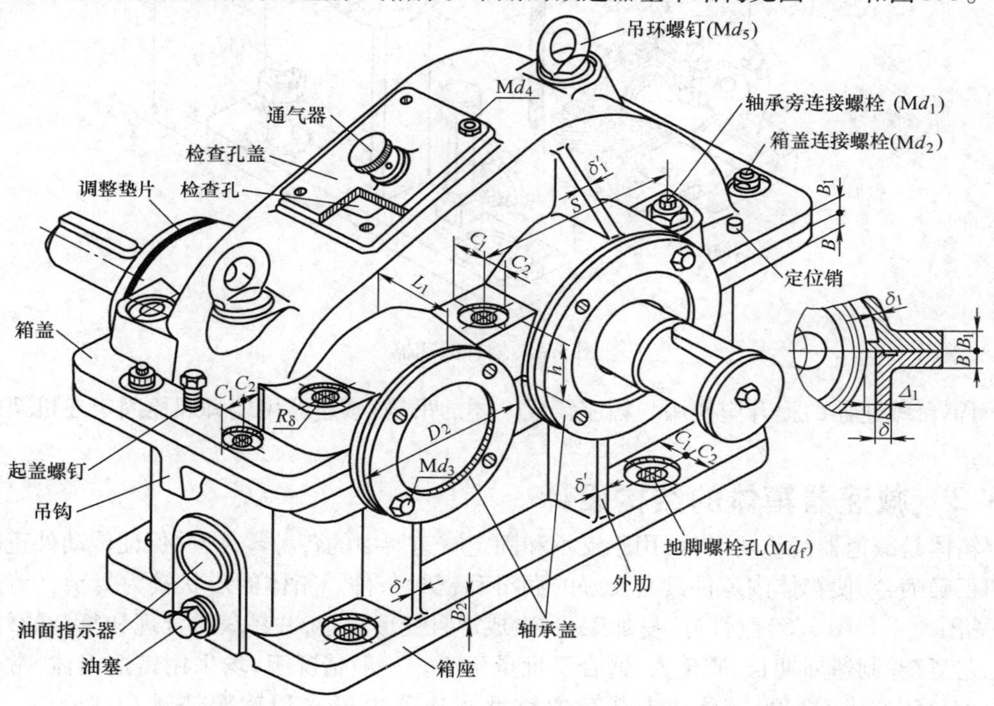

图3.4 单级圆柱齿轮减速器

通用减速器主要由传动零件（齿轮或蜗杆、蜗轮）、轴、轴承、连接零件（螺钉、销钉、键）、箱体、附属零件、润滑和密封装置等部分组成。箱体常用剖分式结构，由箱座和箱盖组成，其剖分面通过传动齿轮的轴线，箱盖与箱座用螺栓连成一体，齿轮、轴、轴承等可在箱体外装配成轴系部件后再装入箱体，使装拆方便；为了确保箱盖和箱座在加工及装配时的相互位置，在剖分处的凸缘上设有两个定位销；起盖螺钉是便于从箱座上揭开箱盖，以便拆卸；箱盖顶部开有检查孔，用于检查齿轮啮合情况及润滑情况，并用于加注润滑油，平时用垫有密封垫片的盖板封住；通气器用来及时排放箱体内因发热、温升而膨胀的空气，以防止高压气冲破各缝隙处的密封件而造成漏油等；油标尺用于检查箱内油面的高低；为了排除油液和清洗减速器内腔，在箱体底部设有放油螺塞，其头部支承面上垫有封油垫片；吊环螺栓用于提升箱

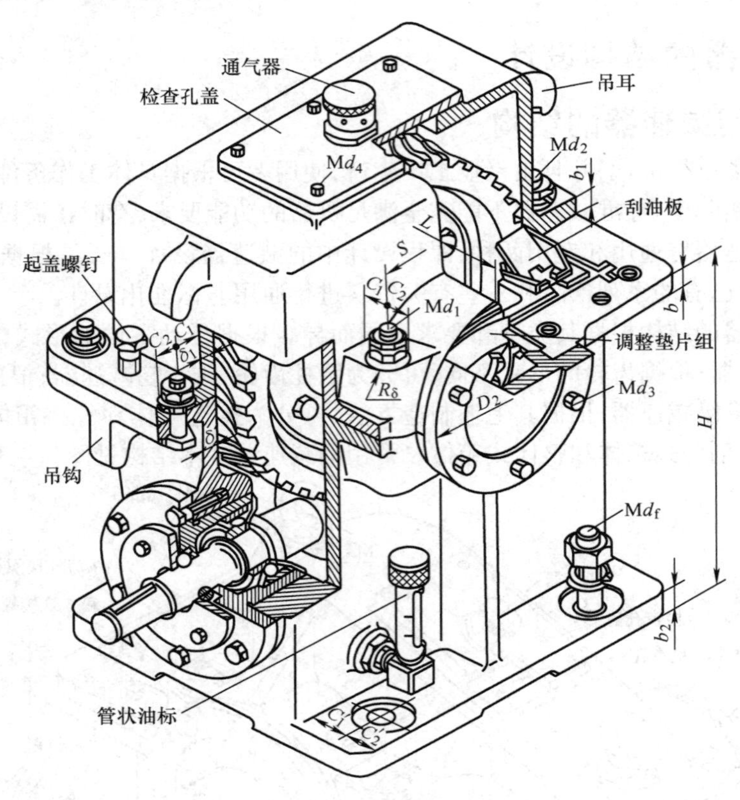

图 3.5　蜗杆减速器

盖,而整台减速器的提升应使用与箱座铸成一体的吊钩;减速器用地脚螺栓固定在机架或地基上。

3.3.2　减速器箱体的结构设计

箱体是减速器的重要零件,用于支承和固定减速器中的各种零件,并保证传动件正确安装和正确啮合,使箱体内零件具有良好的润滑和密封条件。箱体的形状较为复杂。铸造箱体(见图3.4和图3.5)刚性好、易加工,一次成形且变形较小,并易获得合理和复杂的外形,但工艺复杂、制造周期长、质量大,适合于批量生产。一般情况下,均采用铸造箱体,常用材料为HT150F或HT200。受冲击载荷的重型减速器也可采用球墨铸铁(QT400－17或QT420－10)或铸钢制造。在单件生产中,特别是大型减速器,为了减轻质量和缩短生产周期,箱体也可用Q215或Q235钢板焊接而成。为便于箱体内零件装拆,箱体多采用剖分式结构。对于小型圆锥齿轮或蜗杆减速器,为使结构紧凑,质量较轻,也可采用整体式箱体。

箱体结构和受力较为复杂,箱体各部分尺寸一般按经验设计公式在设计和绘制装配草图的过程中确定。齿轮、蜗杆铸造减速器箱体的结构尺寸见表3.2和图3.6、图3.7。

轴承端盖的功用是轴向固定轴承,承受轴向载荷,调整轴承间隙和实现轴承座孔处的密封等。轴承盖的结构有凸缘式和嵌入式两种,每一种形式按是否有通孔,又可分为透盖和闷盖。轴承盖的材料一般为铸铁(HT150)或铸钢(Q215或Q235)。

凸缘式轴承盖(见图3.8)调整轴承间隙比较方便,密封性能好,故得到广泛的应用,但需用螺钉将其与箱体相连接,结构复杂。凸缘式轴承盖结构尺寸见表3.3。

表 3.2 铸铁减速器箱体主要结构尺寸 mm

名 称	符号	推荐尺寸		
		圆柱齿轮减速器		蜗杆减速器
箱座壁厚	δ	一级	$0.025a+1\geqslant 8$	$0.04a+3\geqslant 8$
		二级	$0.025a+2\geqslant 8$	
箱盖壁厚	δ_1	一级	$0.025a+1\geqslant 8$	蜗杆在下:$0.85\delta\geqslant 8$ 蜗杆在上:δ
		二级	$0.025a+2\geqslant 8$	
箱座、箱盖、箱座底凸缘厚度	b、b_1、b_2	$b=1.5\delta$;$b_1=1.5\delta_1$;$b_2=2.5\delta$		
箱座、箱盖肋厚	m、m_1	$m\approx 0.85\delta$;$m_1\approx 0.85\delta_1$		
地脚螺栓直径	d_f	$0.036a+12$		
地脚螺栓数目	n	4~6		二级齿轮:6 蜗杆:4
轴承旁螺栓直径	d_1	$0.75d_f$		
上下箱连接螺栓直径	d_2	$(0.5\sim 0.6)d_f$		
连接螺栓 d_2 的间距		150~200		

名 称	符号	螺栓直径	M8	M10	M12	M14	M16	M18	M20	M22	M24	M30
d_f、d_1、d_2 至箱体外壁的距离 d_f、d_2 至凸缘边缘的距离	C_1 C_2 D_0 R_0 r	$C_{1\min}$	14	16	18	20	22	24	26	30	34	40
		$C_{2\min}$	12	14	16	18	20	22	24	26	28	35
		D_0	20	24	28	32	34	38	42	44	50	62
		$R_{0\max}$	5			8				10		
		$r_{\max}$	3			5				8		

名 称	符号	推荐尺寸
轴承座外径	D_2	轴承孔直径 $D+(5\sim 5.5)d$
箱体外壁至轴承座端面距离	l_1	$C_1+C_2+(5\sim 10)$
轴承座旁凸台高度	h	根据低速轴轴承盖外径 D_2、d_1 和 C_1 的要求,由结构确定
轴承座旁凸台半径	R_1	C_2
轴承座旁连接螺栓距离	S	D_2(防止螺栓干涉、兼顾轴承座刚度)
轴承盖螺钉直径	d_3	$(0.4\sim 0.5)d_f$
检查孔盖螺钉直径	d_4	$(0.3\sim 0.4)d_f\geqslant 6$
圆锥定位销直径	d	$0.8d_2$
齿轮顶圆至箱体内壁距离	Δ_1	$\geqslant 1.2\delta$
齿轮端面至箱体内壁距离	Δ_2	$\geqslant\delta$

注:多级传动时,a 取低速级中心距。对圆锥-圆柱齿轮减速器,按圆柱齿轮传动中心距取值。

嵌入式轴承盖轴向结构紧凑,无须用螺钉连接,与O形密封圈配合使用可提高其密封效果,但调整轴承间隙时,需打开箱盖增减调整垫片,或者采用调整螺钉调整轴承间隙,比较麻烦。多用于要求质量轻、结构紧凑的场合,如图3.9所示。嵌入式轴承盖结构参考尺寸见表3.4。

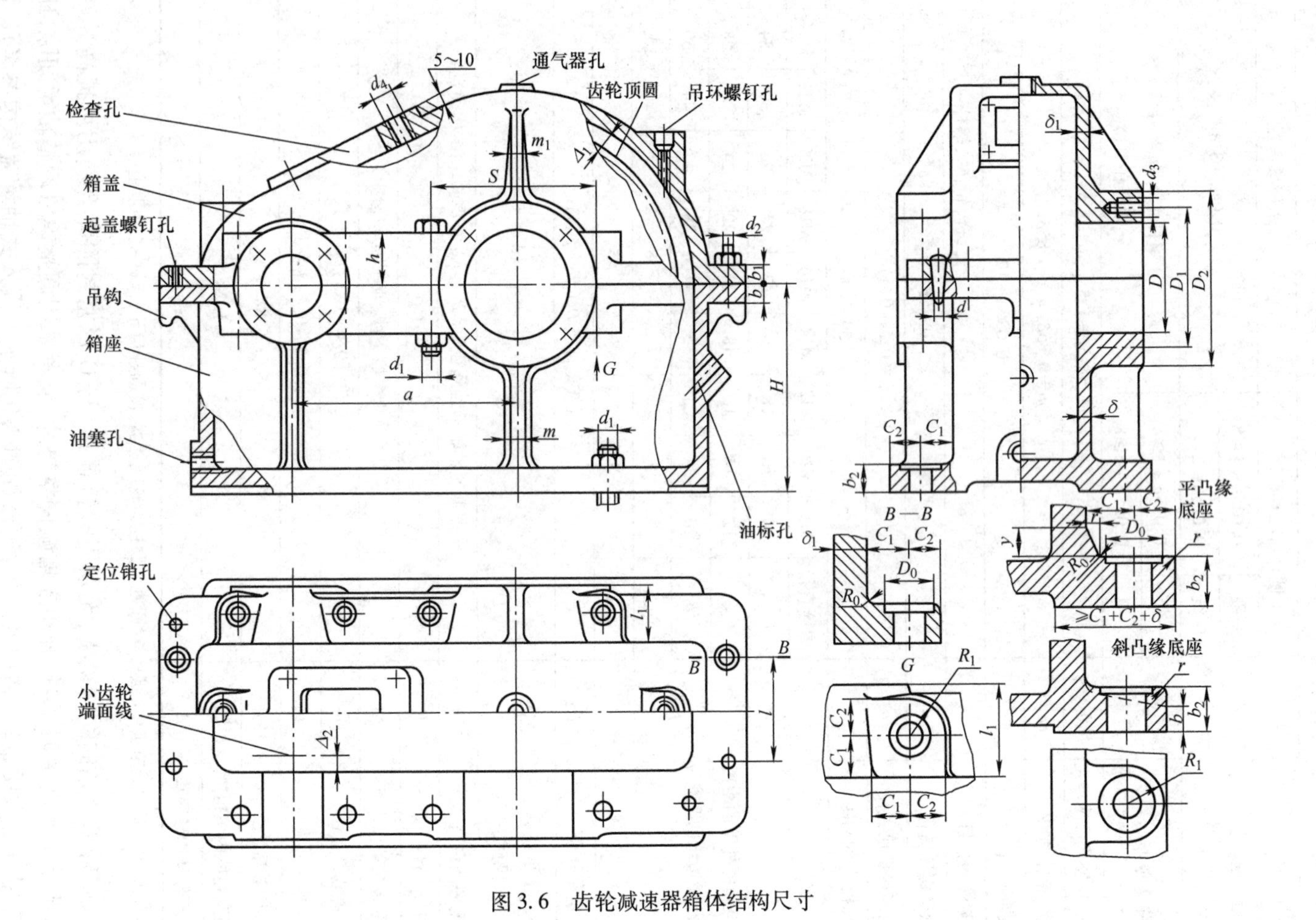

图 3.6　齿轮减速器箱体结构尺寸

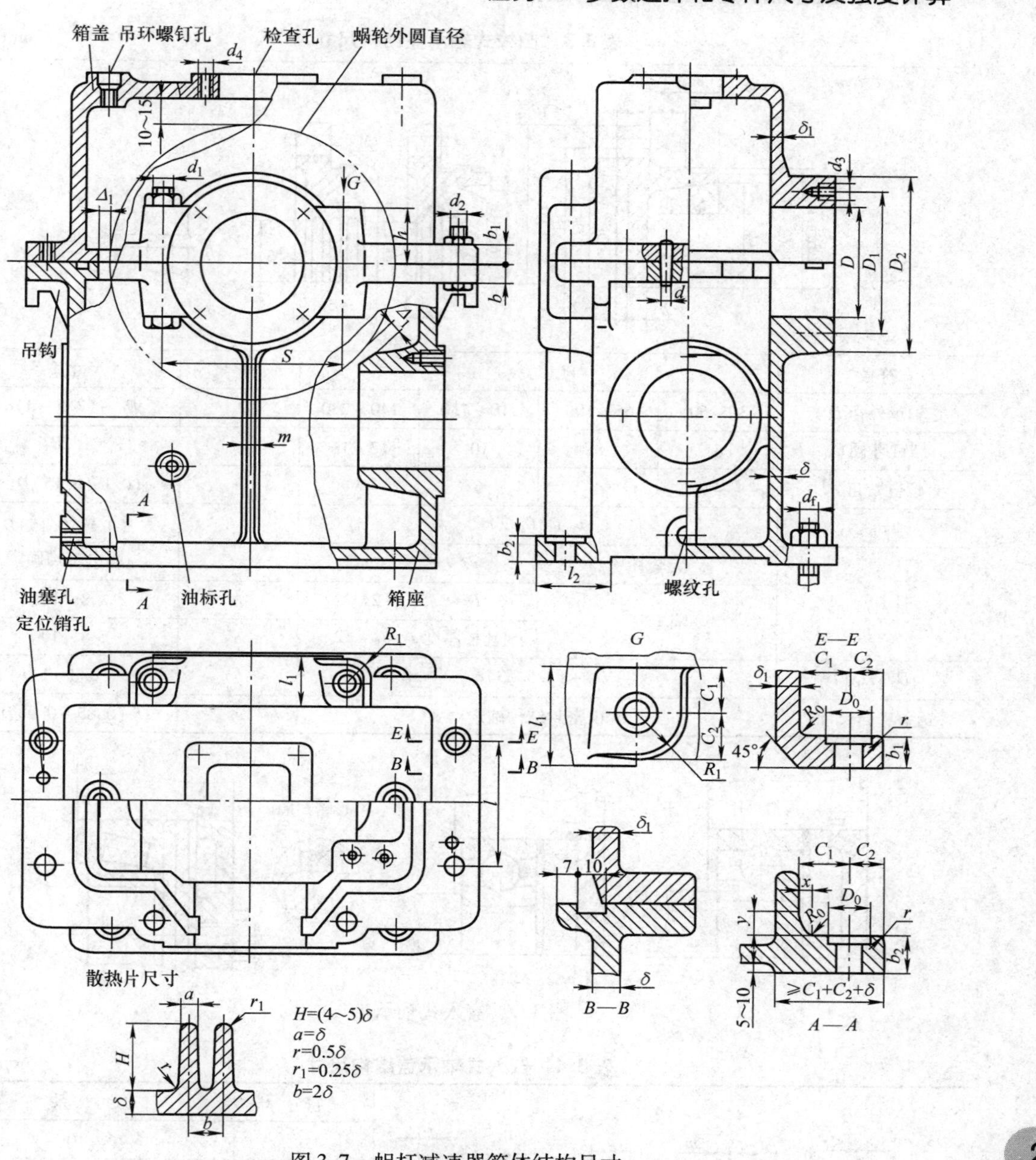

图3.7　蜗杆减速器箱体结构尺寸

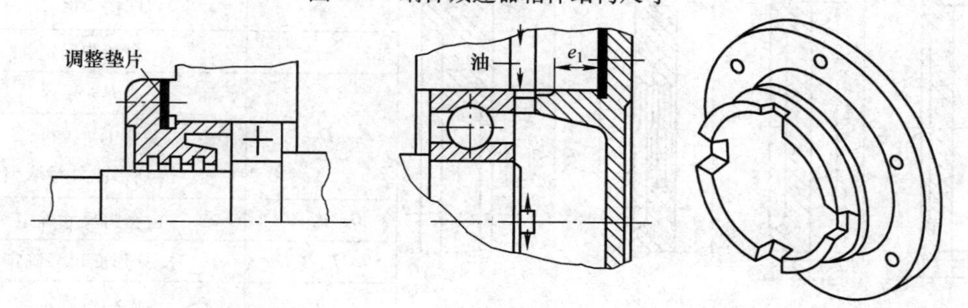

图3.8　凸缘式轴承盖

表 3.3　凸缘式轴承盖结构尺寸　　mm

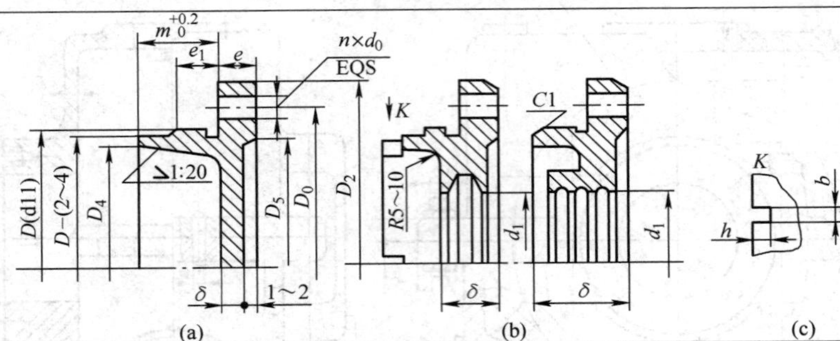

符号	尺寸关系				符号	尺寸关系
轴承外径 D	30 ~ 60	65 ~ 100	110 ~ 130	140 ~ 230	D_5	$D_0-(2.5\sim3)d_3$
螺钉直径 d_3	6	8	10	12 ~ 16	e	$1.2d_3$
螺钉数目 n	4	4	6	6	e_1	$(0.1\sim0.15)D\geqslant e$
d_0	$d_3+(1\sim2)$				m	$(0.1\sim0.15)D$ 或由结构确定
D_0	无套杯	$D+2.5d_3$				
	有套杯	$D+2.5d_3+2s_2$			δ	8 ~ 10
		套杯厚度 $s_2=7\sim12$			b	8 ~ 10
$D_2(D_1)$	$D_0+(2.5\sim3)d_3$				h	$(0.8\sim1)b$
透盖密封尺寸	由密封结构确定				D_4	$(0.85\sim0.9)D$

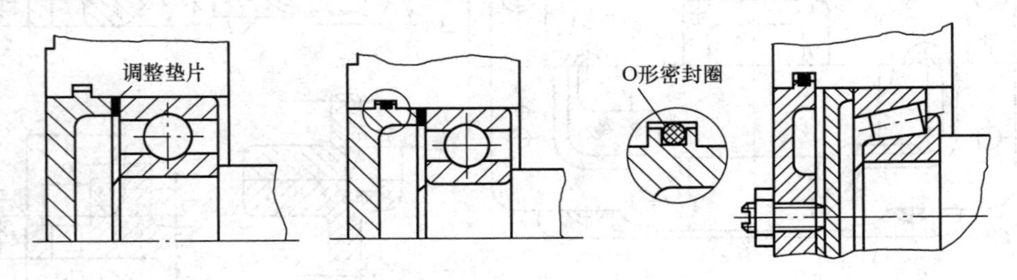

图 3.9　嵌入式轴承盖

表 3.4　嵌入式轴承盖结构尺寸　　mm

e_2　D_3　D　s　e_2　m　D_3　D　s　a　D　d_1　b_1　H　B　b_1　D_3　D_5　d_1

符号	尺寸关系
e_2	5 ~ 10
s	10 ~ 15
m	由结构确定
D_3	$D+e_2$ 装有 O 形圈时，按 O 形圈外径取整
D_5、d_1、b_1	由密封尺寸确定
H、B	按 O 形圈尺寸确定
a	由结构确定

3.3.3 减速器附件的设计

减速器附件是指为减速器正常工作或起吊运输而设置的一些零件,有些安装在箱体上(如起盖螺钉、油标等),有些则直接在箱体上制造出来(如吊钩等)。

1. 检查孔和检查孔盖

检查孔应设在箱盖顶部能够看到啮合区的位置,其大小以手能深入箱体进行检查操作为宜。箱体上和检查孔盖连接处应设计凸台以便于加工,检查孔盖用螺钉紧固在凸台上。检查孔盖可用有机玻璃、钢板或铸铁制成,它和箱体连接处应加密封垫片,以防止漏油。钢板制检查孔盖,如图3.10(a),(b)所示,其结构简单轻便,上下面无须加工,单件生产和成批生产均常采用;铸铁制检查孔盖,如图3.10(c),(d)所示,需制木模,且有较多部位需进行机械加工,故应用较少。检查孔盖尺寸可参照表3.5或自行设计。

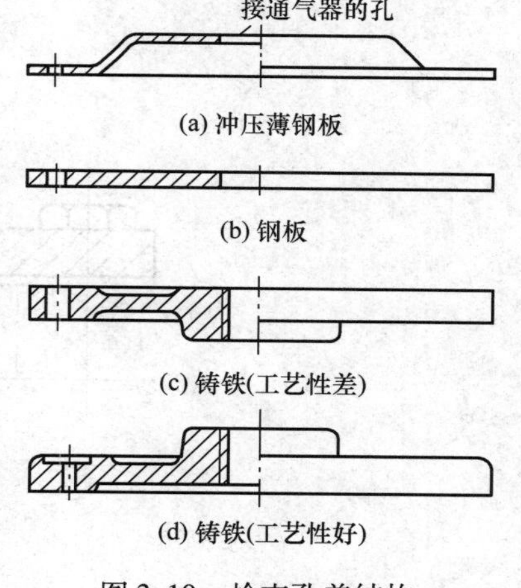

图3.10 检查孔盖结构

表3.5 检查孔盖尺寸 mm

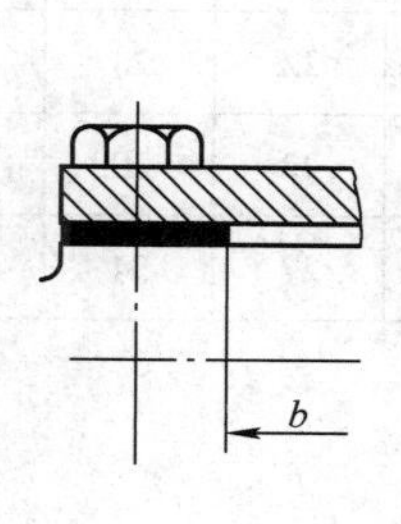

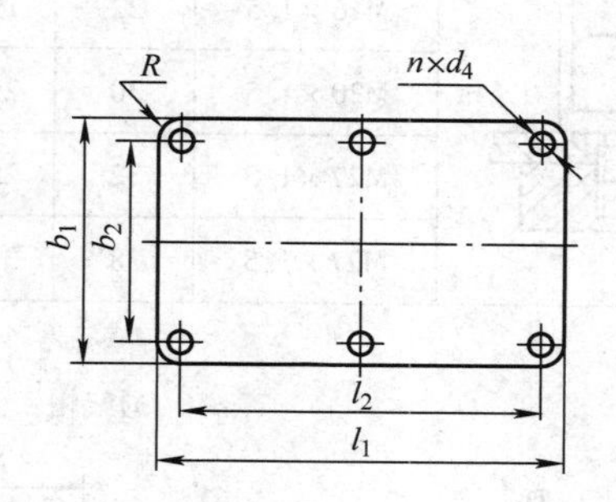

减速器中心距 a	检查孔尺寸	检查孔盖尺寸					
	b	b_1	l_1	b_2	l_2	n	d_4
100~150	50~60	80~90	120~140	$\frac{b+b_1}{2}$	$\frac{L+l_1}{2}$	4 6	6.5 9
150~250	60~75	90~105	140~160				
250~400	75~110	105~140	160~210				

2. 通气器

减速器工作时,因发热使箱体内温度升高,压力上升。为防止润滑油从箱体剖分面和各密封处泄漏,在检查孔盖上或箱盖上安装通气器,便于箱内热气逸出,保证箱体内压力接近大气压,从而保证密封性。通气器种类较多,图3.11为提手式通气器。其他通气器结构尺寸见表3.6。

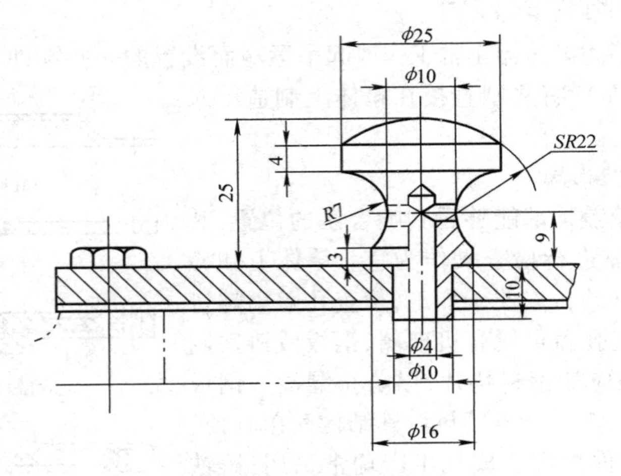

图 3.11　提手式通气器

表 3.6　通气器结构尺寸　　mm

通气塞 S－螺母扳手宽度

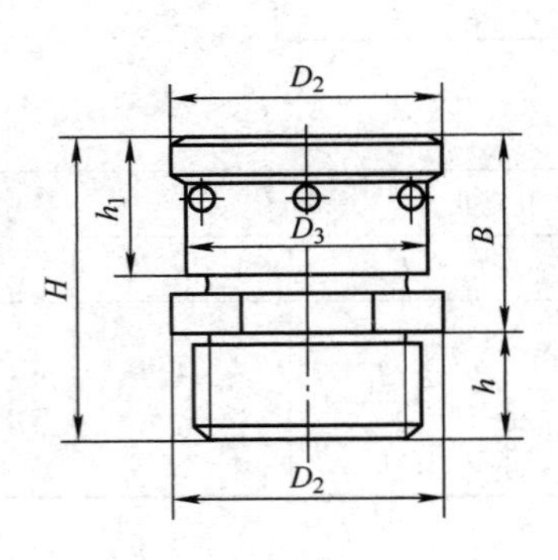

d	D	D_1	S	L	l	a	d_1
M12×1.25	18	16.5	14	19	10	2	4
M16×1.5	22	19.6	17	23	12	2	5
M20×1.5	30	25.4	22	28	15	4	6
M22×1.5	32	25.4	22	29	15	4	7
M27×1.5	38	31.2	27	34	18	4	8

通气帽

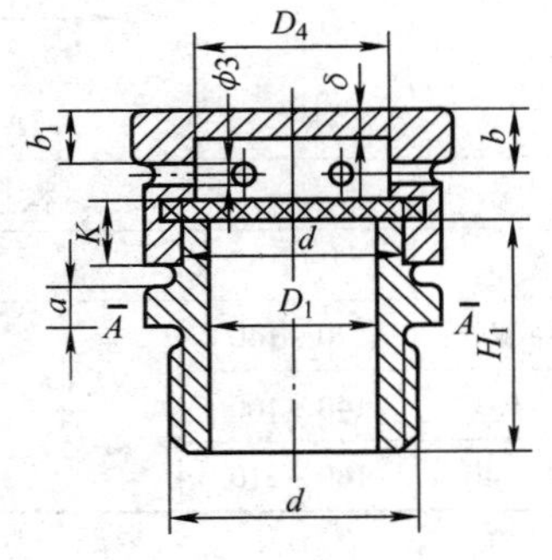

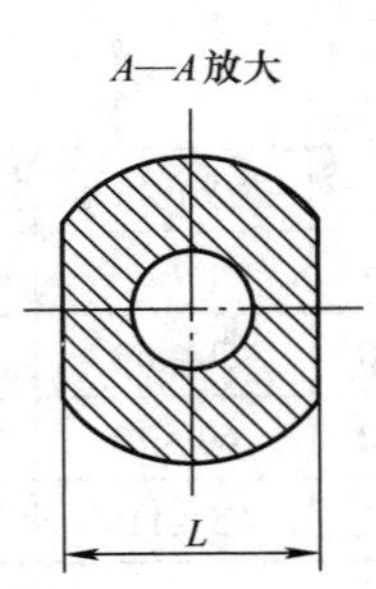

d	D_1	B	h	H	D_2	H_1	a	δ	K	b	h_1	b_1	D_3	D_4	L	孔数
M27×1.5	15	30	15	45	36	32	6	4	10	8	22	6	32	18	32	6
M36×2	20	40	20	60	48	42	8	4	12	11	29	8	42	24	41	6
M48×3	30	45	25	70	62	52	10	5	15	13	32	10	56	36	55	8

续表

通气罩

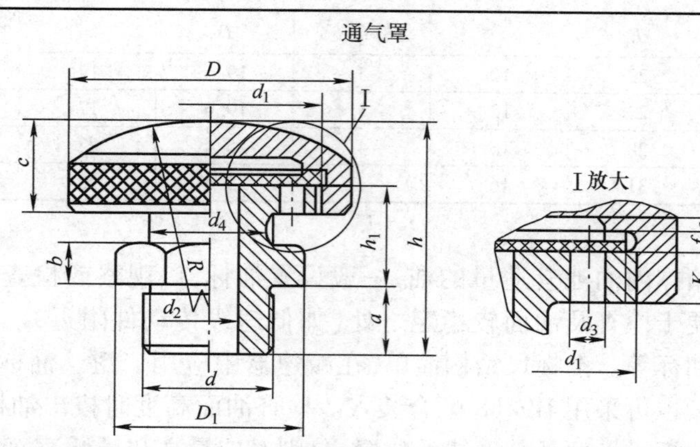

d	d_1	d_2	d_3	d_4	D	h	a	b	c	h_1	R	D_1	K	e	f
M18×1.5	M33×1.5	8	3	16	40	40	12	7	16	18	40	25.4	6	2	2
M27×1.5	M48×1.5	12	4.5	24	60	54	15	10	22	24	60	36.9	7	2	2
M36×1.5	M64×1.5	20	6	30	80	70	20	13	28	32	80	53.1	10	3	3

3. 放油螺塞

为了排除箱内污油，常在箱体底部开设放油孔，平时用放油螺塞、垫片将其封闭。放油孔应设在箱座底面最低处，常将箱体内底面设计成向放油孔方向倾斜 1°～1.5°，并在其附近制造出一小凹坑，以便攻丝及油污的汇集和排放。图 3.12(a)的工艺性较好；图 3.12(b)未开凹坑，加工工艺性差；图 3.12(c)放油孔不在最低位置。外六角螺塞及封油圈的尺寸见表 3.7。

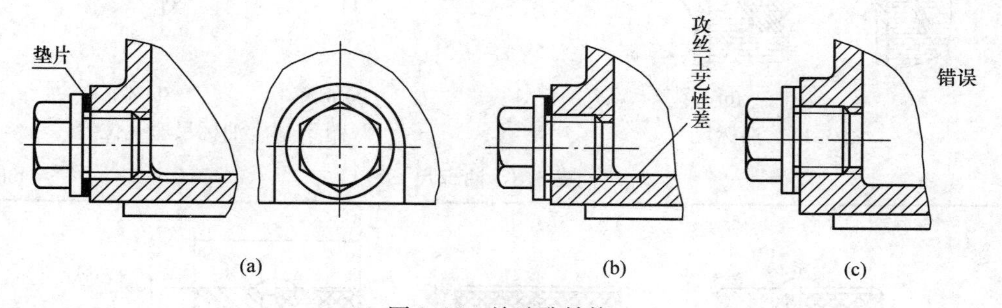

图 3.12　放油孔结构

表 3.7　外六角螺塞及封油圈(JB/ZQ 4450—2006)　　mm

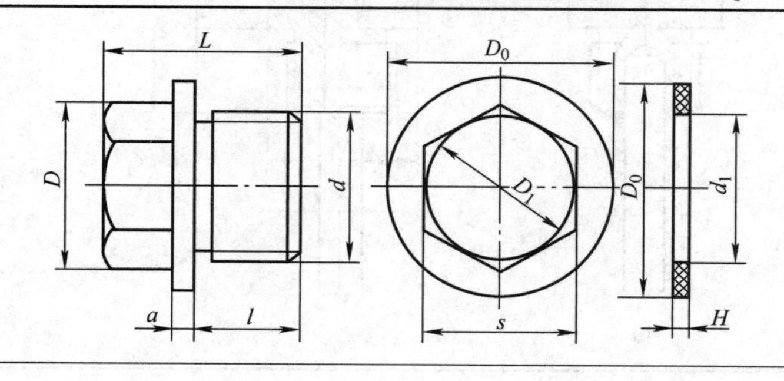

标记示例：

螺塞 M24×2 JB/ZQ 4450—2006

螺塞材料：Q235

纸封油圈：石棉橡胶纸

皮封油圈：工业用革

续表

d	D_0	L	l	a	D	s	d_1	H
M14×1.5	22	22	12	3	19.6	17	15	2
M16×1.5	26	23	12	3	19.6	17	17	2
M20×1.5	30	28	15	4	25.4	22	22	2
M24×1.5	34	31	16	4	25.4	22	26	2.5

4. 油标

为保证减速器箱体内油池有适量的油，一般设置油标，以观察或检查油池中的油面高度。油标应设置在便于检查及油面较稳定之处(如低速级传动件附近)。常用油标有油标尺、圆形油标、长形油标等。油标尺结构简单，在减速器中应用广泛。油标尺在减速器上安装，可采用螺纹连接，也可采用 H9/h8 配合装入。检查油面高度时拔出油标尺，以杆上的油痕判断油面高度。油标尺上两条刻度线的位置，分别对应最高和最低油面，如图 3.13(a)所示。如果需要在运转过程中检查油面高度，为避免因油搅动影响检查效果，可在油标尺外装隔离套，如图 3.13(b)所示。油标尺多安装在箱体侧面，设计时应合理确定油标尺插孔的位置及倾斜角度，既要避免箱体内的润滑油溢出，又要便于油标尺的插取和油标尺插孔的加工，如图 3.14 所示。圆形、长形油标为直接观察式油标，安装位置不受限制。当箱座高度较小时，宜选用圆形油标，可随时观察油面的高度。油标结构和尺寸见表 3.8 至表 3.10。

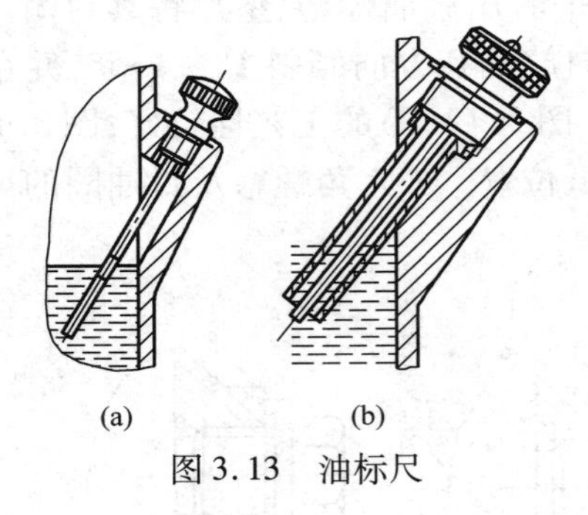

图 3.13 油标尺

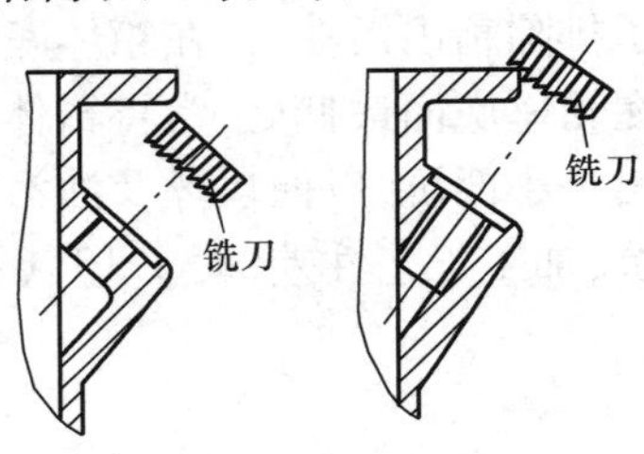

图 3.14 油标尺座孔位置

表 3.8 油标尺 mm

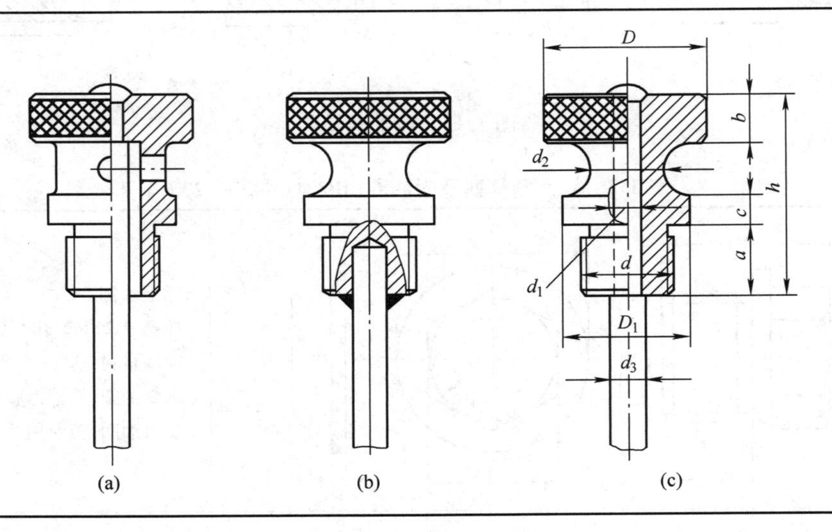

续表

d	d_1	d_2	d_3	h	a	b	c	D	D_1
M12	4	12	6	28	10	6	4	20	16
M16	4	16	6	35	12	8	5	26	22
M20	6	20	8	42	15	10	6	32	26

表 3.9　长形油标（JB/T 7941.3—1995）　　mm

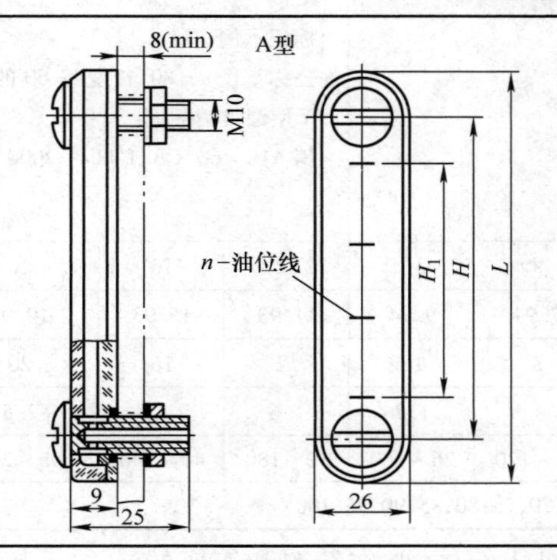

标记示例：

$H=80$，A 型长形油标标记：

油标　A80　JB/T 7941.3—1995

H 基本尺寸	H 极限偏差	H_1	L	n（条数）
80	±0.17	40	110	2
100		60	130	3
125	±0.20	80	155	4
160		120	190	6

O形橡胶密封圈（GB 3452.1）	六角螺母（GB 6172）	弹性垫圈（GB 861）
10×2.65	M10	10

表 3.10　压配式圆形油标（JB/T 7941.1—1995）　　mm

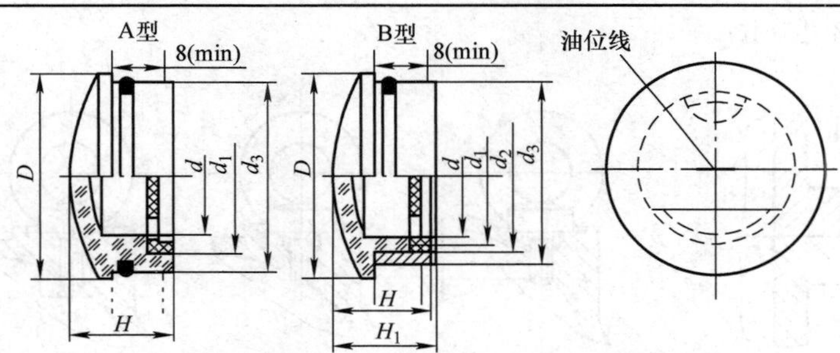

标记示例：

视孔 $d=32$，A 型压配式圆形油标标记：

油标 A32 JB/T 7941.1—1995

d	D	d_1 基本尺寸	d_1 极限偏差	d_2 基本尺寸	d_2 极限偏差	d_3 基本尺寸	d_3 极限偏差	H	H_1	O形橡胶密封圈（GB/T 3452.1—2005）
12	22	12	−0.050 −0.160	17	−0.050 −0.160	20	−0.065 −0.195	14	16	15×2.65
16	27	18		22	−0.065 −0.195	25				20×2.65
20	34	22	−0.065 −0.195	28		32	−0.080 −0.240	16	18	25×3.55
25	40	28		34	−0.080 −0.240	38				31.5×3.55
32	48	35	−0.080 −0.240	41		45		18	20	38.7×3.55
40	58	45		51	−0.100 −0.290	55				48.7×3.55
50	70	55	−0.100 −0.290	61		65	−0.100 −0.290	22	24	
63	85	70		76		80				

5. 定位销和起盖螺钉

在精加工轴承座孔前,在箱盖和箱座连接凸缘两端配装定位销,以保证箱盖和箱座的装配精度,同时也保证了轴承座孔的精度,常采用圆锥销。一般定位销直径$d=(0.7\sim0.8)d_2$(d_2为上下箱凸缘连接处螺栓直径)。其结构尺寸见图3.15(a)及表3.11。

表3.11　圆锥销(GB/T 117—2000)　　mm

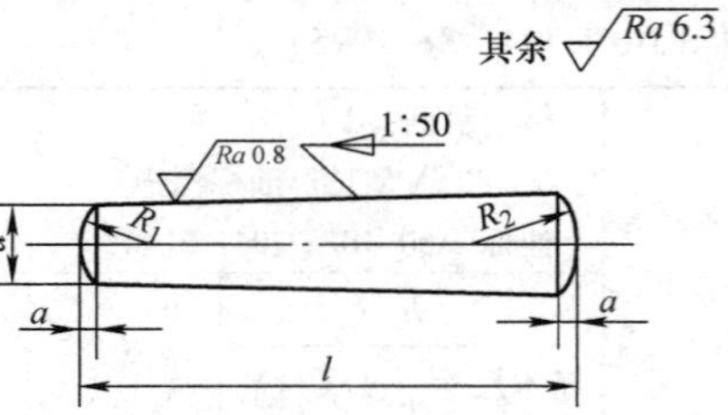

其余 $\sqrt{Ra\ 6.3}$　　1:50　　Ra 0.8　　R_1　　R_2　　d　　a　　a　　l

标记示例:
公称直径 $d=80$,长度 $l=60$ 的
A 型圆锥销标记:
销 A10×60 GB/T 117—2000

d	公称	5	6	8	10	12	16	20
	min	4.95	5.95	7.94	9.94	11.93	15.93	19.92
	max	5	6	8	10	12	16	20
$a\approx$		0.63	0.8	1	1.2	1.6	2	2.5
l		18~60	22~90	22~120	26~160	32~180	40~200	45~200

长度系列:18,20,22,24,26,28,30,32,35,40,45,50,55,60,65,70,75,80,85,90,95,100

减速器装配时,为增加密封性,防止灰尘等进入箱体,常在箱盖和箱座的结合面上涂上水玻璃或密封胶。为了起盖方便,在箱盖凸缘上设置螺纹孔,并拧入螺钉,利用相对运动顶起箱盖。起盖螺钉结构见图3.15(b)。

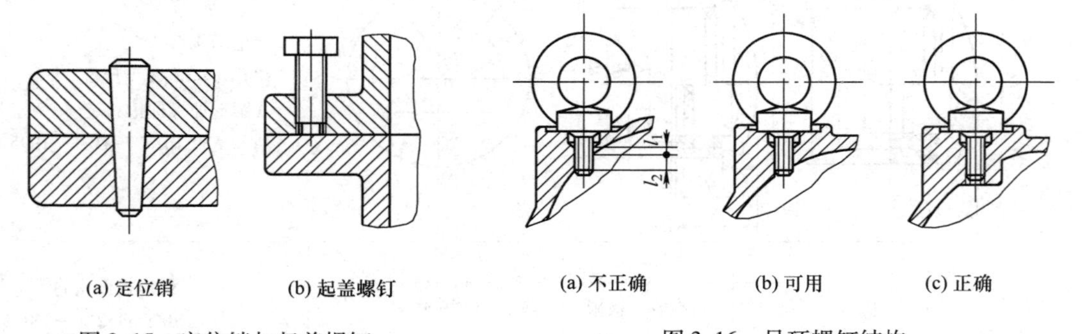

(a) 定位销　　(b) 起盖螺钉

图3.15　定位销与起盖螺钉

(a) 不正确　　(b) 可用　　(c) 正确

图3.16　吊环螺钉结构

6. 起吊装置

为了便于搬运,通常在箱盖和箱座上设置起吊装置。起吊装置可以采用吊环螺钉,也可以直接在箱体表面铸造吊耳或吊钩。

吊环螺钉常用于吊运箱盖或小型减速器,设计时可按起吊质量(中、小型减速器)选择。箱盖安装吊环螺钉处应设置凸台,以使吊环螺钉旋入螺孔螺纹部分有足够的深度,以保证足够的承载能力。加工螺孔时,应避免钻头半边切削的行程过长,以免钻头折断,吊环螺钉的结构尺寸见图3.16及表3.12。

对于质量较大的箱盖或减速器,可以直接在箱体表面铸造吊钩或吊耳,其结构形状和尺寸见表3.13。箱座吊钩在两端凸缘的下面,用来吊运整台减速器或箱座零件,其宽度一般与箱壁外凸缘宽度相等。箱盖上的吊耳和吊环螺钉一般用来吊运箱盖,而不允许吊运整台减速器。

表 3.12　吊环螺钉(GB/T 825—1988)　　mm

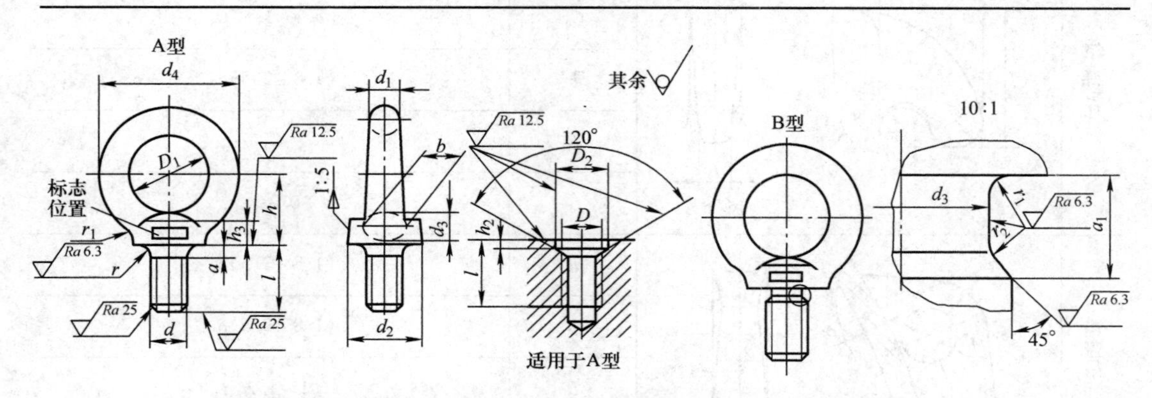

标记示例:规格为20,材料为20钢,经正火处理的A型吊环螺钉标记:螺钉　M20　GB/T 825—1988

规格(d)	M8	M10	M12	M16	M20	M24	M30
d_1	9.1	11.1	13.1	15.2	17.4	21.4	25.7
D_1	20	24	28	34	40	48	56
d_2	21.1	25.1	29.1	35.2	41.4	49.4	57.7
l	16	20	22	28	35	40	45
d_4	36	44	52	62	72	88	104
h	18	22	26	31	36	44	53
r	1					2	
a_1	3.75	4.5	5.25	6	7.5	9	10.5
d_3	6	7.7	9.4	13	16.4	19.6	25
a	2.5	3	3.5	4	5	6	7
b	10	12	14	16	19	24	28
D_2	13	15	17	22	28	32	38
h_2	2.5	3	3.5	4.5	5	7	8
质量/kg	0.041	0.078	0.132	0.234	0.385	0.705	1.205

规格(d)		M8	M10	M12	M16	M20	M24	M30
最大起吊重	单螺钉起吊 (max)	0.16	0.25	0.4	0.63	1	1.6	2.5
	双螺钉起吊 (40°, max)	0.08	0.125	0.2	0.32	0.5	0.8	1.25

表3.13　起重吊耳和吊钩尺寸

名称	代号	尺寸
箱盖吊耳	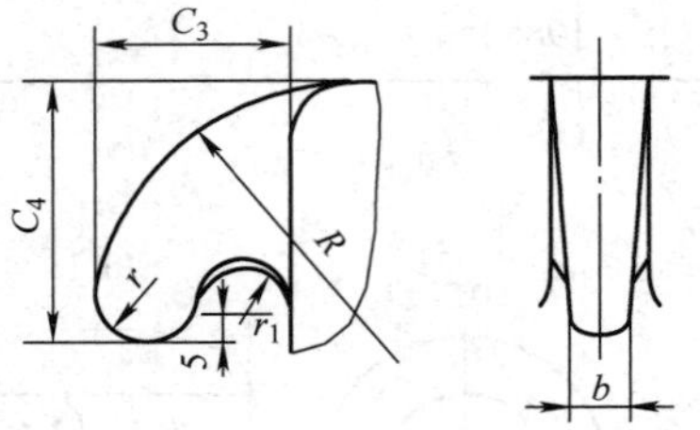 C_3	$(4\sim5)\delta_1$
	C_4	$(1.3\sim1.5)C_3$
	b	$(1.8\sim2.5)\delta_1$
	R	C_4
	r_1	$0.2C_3$
箱盖吊环	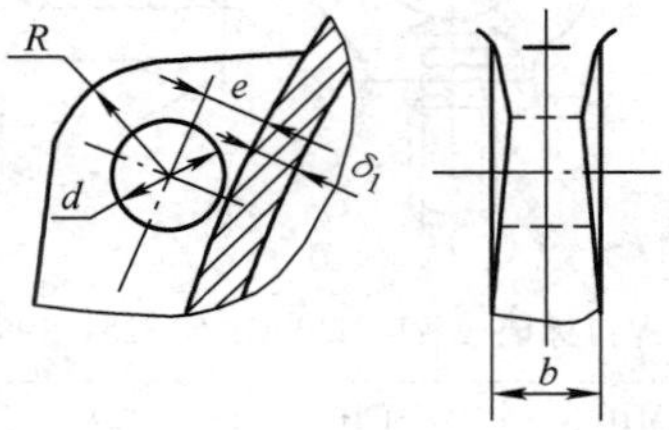 d	$(1.8\sim2.5)\delta_1$
	b	$(1.8\sim2.5)\delta_3$
	R	$(1\sim1.2)d$
	e	$(0.8\sim1)d$
箱盖吊钩	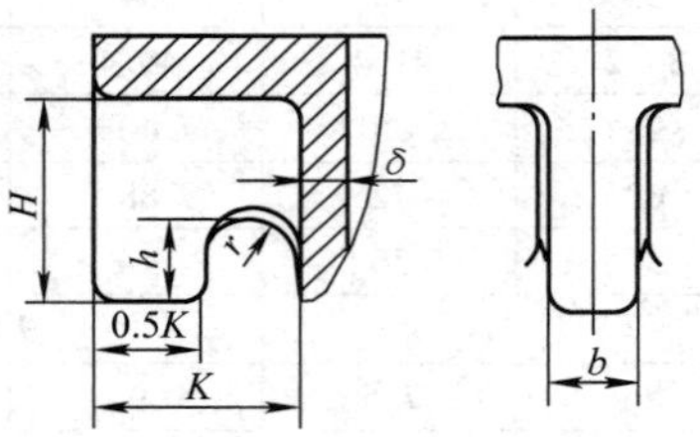 K	C_1+C_2(表3.2)
	H	$0.8K$
	h	$0.5H$
	r	$0.25K$
	b	$(1.8\sim2.5)\delta$

3.4　减速器的润滑和密封

3.4.1　减速器的润滑

减速器中齿轮、蜗杆和蜗轮以及轴承在工作时都需要良好的润滑。

1. 齿轮、蜗杆和蜗轮的润滑

齿轮减速器中,除少数低速($v<0.5$ m/s)小型减速器采用脂润滑外,绝大多数减速器的齿轮都采用油润滑。对于齿轮圆周速度$v\leqslant12$ m/s的齿轮传动可采用浸油润滑,即将齿轮浸入油中,当齿轮回转时粘在其上的油液被带到啮合区进行润滑,同时油池的油被甩上箱壁,有助散热。为避免浸油润滑的搅油功耗太大及保证轮齿啮合区的充分润滑,传动件浸入油中的深度不宜太深或太浅,一般浸油深度以浸油齿轮的一个齿高为适宜,速度高的还可浅些(约为7/10齿高),但不应少于10 mm;锥齿轮则应将整个齿宽(至少是半个齿宽)浸入油中。对于多级传动,为使各级传动的大齿轮都能浸入油中,低速级大齿轮浸油深度可允许大一些,当其圆周速度$v=0.8\sim12$ m/s时,可达1/6齿轮分度圆半径;当$v<0.5\sim0.8$ m/s时,可达1/6~1/3分度圆半径。如果为使高速级的大齿轮浸油深度约为一个齿高而导致低速级大齿轮的浸油深度超过上述范围时,可采取下列措施:低速级大齿轮浸油深度仍约为一个齿高,可将高速级齿轮采用带油轮蘸油润滑,带油轮常用塑料制成,宽度为其啮合齿轮宽度

的1/3～1/2，浸油深度约为7/10个齿高，但不小于10 mm；也可把油池按高低速级隔开以及减速器箱体剖分面与底座倾斜。

蜗杆减速器中，蜗杆圆周速度 $v \leqslant 10$ m/s时可以采用浸油润滑。当蜗杆下置时，油面高度约为浸入蜗杆螺纹的牙高，但一般不应超过支承蜗杆的滚动轴承的最低滚珠中心，以免增加功耗。但如果因满足后者而使蜗杆未能浸入油中（或浸油深度不足）时，则可在蜗杆轴两侧分别装上溅油轮，使其浸入油中，旋转时将油甩到蜗杆端面上，而后流入啮合区进行润滑。当蜗杆在上时，蜗轮浸入油中，其浸入深度以一个齿高（或超过齿高不多）为宜。

为了避免浸油润滑的搅油功耗太大及保证轮齿啮合区的充分润滑，传动件浸入油中的深度不宜太深或太浅，合适的浸油深度见表3.14及图3.17。油池应保持一定的深度和储油量，一般齿顶圆至油池底面的距离 h 不应小于30～50 mm（图3.17）。箱体内底高度 $H_d \geqslant d_a/2+(30\sim50)$ mm，式中 d_a 为浸油最深齿轮的外圆直径。箱座高度 $H=h_d+\delta+(3\sim8)$ mm，式中 δ 为箱座壁厚（图3.17(f)）。

表3.14　浸油润滑时推荐的浸油深度

减速器类型		传动件浸油深度
一级圆柱齿轮减速器（图3.17(a)）		$m<20$ mm时，h 为1个齿高，但不小于10 mm； $m \geqslant 20$ mm时，h 为0.5个齿高
二级或多级圆柱齿轮减速器（图3.17(b)）		高速级：h_f 约为0.7个齿高，但不小于10 mm 低速级：h_f 按低速级大齿轮的圆周速度确定，当 $v_s=0.8\sim12$ m/s时，h_s 约为1个齿高（不小于10 mm）～1/6齿轮半径；当 $v_s=0.5\sim0.8$ m/s时，$h_s \leqslant (1/6\sim1/3)$ 齿轮半径
圆锥齿轮减速器（图3.17(c)）		整个齿宽浸入油中（至少半个齿宽）
蜗杆减速器	蜗杆下置式（图3.17(d)）	$h_1 \geqslant 1$ 个螺牙高，但油面不应高于轴承最低一个滚动体中心
	蜗杆上置式（图3.17(e)）	h_2 同低速级圆柱大齿轮的浸油深度 h_s

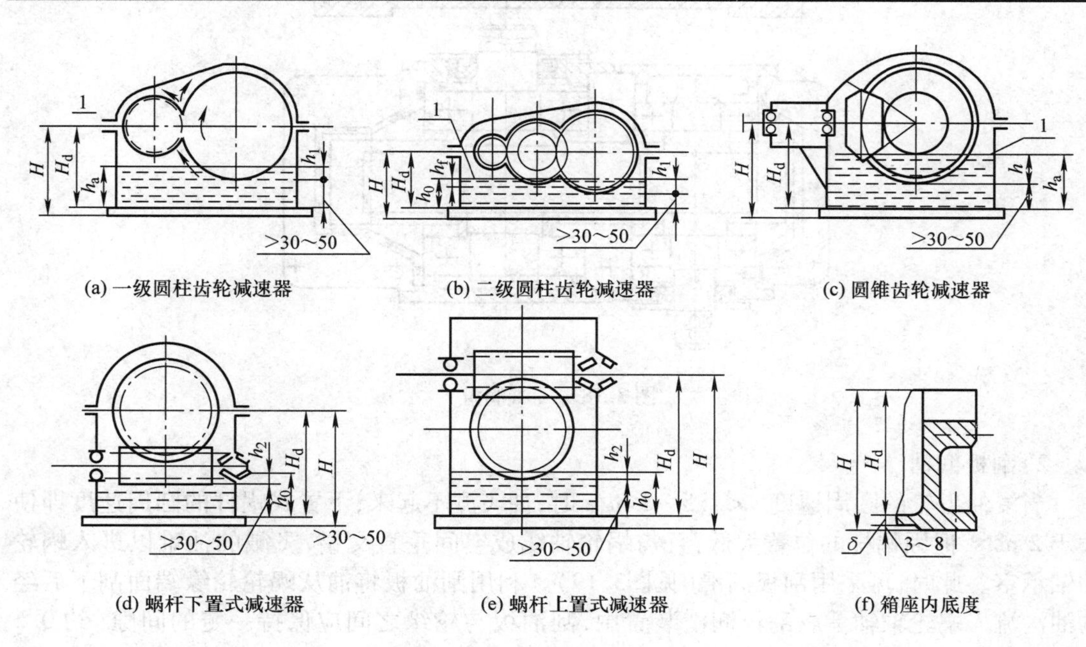

图3.17　浸油润滑

当齿轮圆周速度 $v>12$ m/s 或蜗杆圆周速度 $v>10$ m/s 时,不宜采用浸油润滑,此时宜用喷油润滑,即利用油泵(压力 0.05 ~0.3 MPa)借助管子将润滑油从喷嘴直接喷到啮合面上,喷油孔的距离应沿齿轮宽均匀分布。喷油润滑也常用于速度并不高,但工作条件相当繁重的重型减速器和需要大量润滑油进行冷却的减速器中。

2. 滚动轴承的润滑

滚动轴承通常采用油润滑和脂润滑,常用的润滑方法有以下几种。

1)飞溅润滑

减速器中只要有一个浸油齿轮的圆周速度 $v \geqslant 1.5 \sim 2$ m/s,即可采用飞溅润滑(见图3.18)。当 $v>3$ m/s时,飞溅的油可形成油雾并能直接溅入轴承室。有时由于圆周速度尚不够大或油的黏度较大,不易形成油雾,此时为使润滑可靠,常在箱座接合面上制出输油沟,让溅到箱盖内壁上的油汇集在油沟内,而后流入轴承室进行润滑。在箱盖内壁与其接合面相接触处制出倒棱,以便于油液流入油沟。在难以设置输油沟汇集油雾进入轴承室时,亦可采用引油道润滑或导油槽润滑。

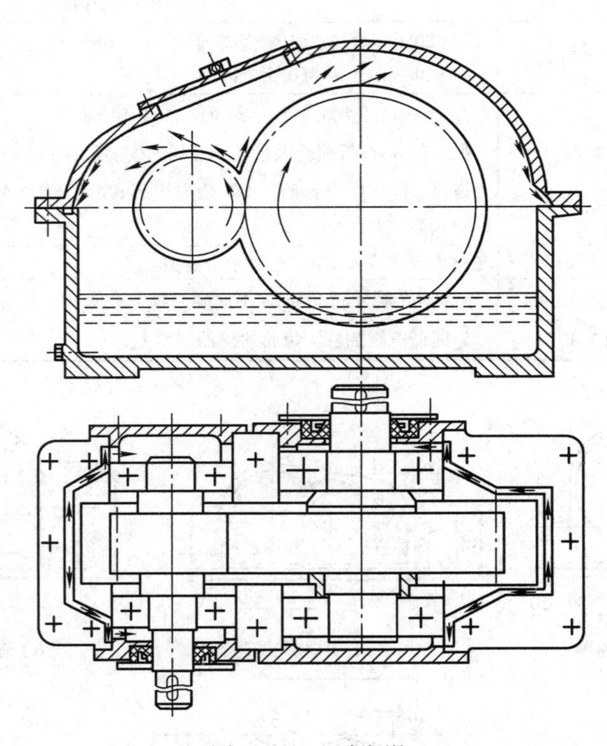

图 3.18 飞溅润滑

2)刮板润滑

当浸油齿轮的圆周速度 $v<1.5 \sim 2$ m/s 时,油飞溅不起来;下置式蜗杆的圆周速度即使大于2 m/s,但因蜗杆的位置太低,且与蜗轮轴线成空间垂直交错,飞溅的油难以进入蜗轮轴轴承室。此时,可采用刮板润滑(见图3.19)。利用刮油板将油从蜗轮轮缘端面刮下后经输油沟流入蜗轮轴轴承。刮板润滑装置中,刮油板与轮缘之间应保持一定的间隙(约 0.5 mm),因而轮缘端面跳动和轴的轴向窜动也应加以限制。

3)浸油润滑

下置式蜗杆的轴承常浸在油中润滑。如前所述,此时油面一般不应高于轴承最下面滚动体的中心,以免油搅动的功率损耗太大(见图3.17(d))。

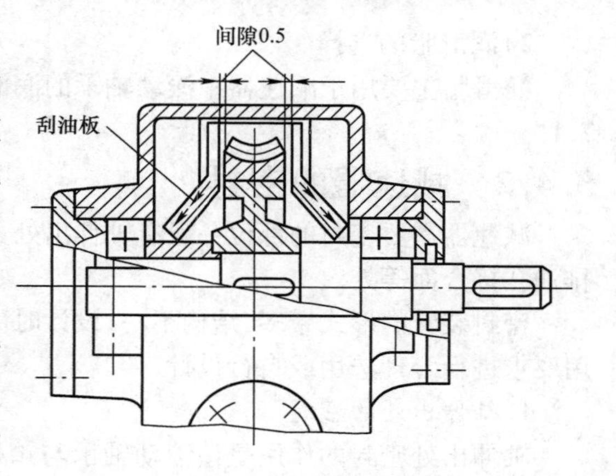

图3.19　刮板润滑

4)润滑脂润滑

当减速器中浸油齿轮圆周速度太低($v<1.5\sim2$ m/s)时,采用润滑脂润滑。但润滑脂黏性大,高速时摩擦损失大,散热效果较差,且润滑脂在较高温度时易变稀而流失。所以,脂润滑只用于轴颈转速低、温度不高的场合。

润滑脂润滑的方式较简单,密封和维护方便,只需在初装时和每隔一定时期(通常每年1~2次)将润滑脂填充到轴承室即可。填入轴承室中的润滑脂应当适量,过多易发热,过少则达不到预期的润滑效果。通常以填满轴承室空间的1/3~1/2为宜。填入量与转速有关,转速较高($n=1\ 500\sim3\ 000$ r/min)时,一般不应超过1/3;转速较低($n<300$ r/min)或润滑脂易于流失时,填充量可适当多一些,但不应超过轴承室空间的2/3。

采用润滑脂时,为防止箱内的润滑油飞溅到轴承室内使润滑脂变稀或变质,并防止润滑油带入金属屑或其他污物,应在轴承向着箱体内壁一侧安装密封装置。

3.润滑剂的选择

1)润滑油的选择

对于闭式齿轮传动,润滑油黏度推荐值见表3.15。在确定了润滑剂的黏度值后,再查附表7.1选取润滑油的牌号。

表3.15　闭式齿轮传动的润滑油黏度推荐值

齿轮材料及热处理	齿面硬度	齿轮圆周速度 v/(m/s)						
		0.5	0.5~1.0	1.0~2.5	2.5~5.0	5.0~12.5	12.5~25	>25
钢:调质	<280HBS	266 (32)	177 (21)	118 (11)	82	59	44	32
	280~350HBS	266 (32)	266 (32)	177 (21)	118 (11)	82	59	44
钢:整体淬火,表面淬火或渗碳淬火	40~60HRC	444 (52)	266 (32)	266 (32)	177 (21)	118 (11)	82	59
铸铁、青铜、塑料		117	118	82	59	44	32	—

注:(1)表中带括号的为100 ℃时的黏度,不带括号的为50 ℃时的黏度。

(2)对于多级减速器,润滑油黏度取各级传动所需黏度的平均值。

2)润滑脂的选择

润滑脂主要用于减速器中滚动轴承的润滑,常用润滑脂的牌号、主要性质及用途见附表7.1。

3.4.2 减速器的密封

减速器需要密封的部位一般有轴伸出处、轴承室内侧、箱体接合面和轴承盖、检查孔和排油孔接合面等处。

密封装置的形式繁多,结构不一,设计时应根据各密封装置的特点、不同工作条件和使用要求进行合理选用或自行设计。

1. 轴伸出处的密封

轴伸出处密封的作用是使滚动轴承与箱外隔绝,防止润滑油(脂)漏出和箱外杂质、水及灰尘等侵入轴承室,避免轴承急剧磨损和腐蚀。常用的有毡圈式密封、O形橡胶圈密封、皮碗式密封、间隙式密封、迷宫式密封等,各种密封装置的结构、特点及应用参见教材中滚动轴承部分。

2. 轴承室内侧的密封

该密封按其作用可分为封油环和挡油环两种。

1)封油环

封油环用于脂润滑轴承,其作用是使轴承室与箱体内部隔开,防止轴承内的油脂流入箱内及箱内润滑油溅入轴承室而稀释、带走油脂。封油环密封装置如图3.20所示:图(a)、(b)、(c)为固定式封油环,其结构尺寸可参照上述轴伸出处的密封装置确定;图(d)、(e)为旋转式封油环,它利用离心力作用甩掉从箱体壁流下的油以及飞溅起来的油和杂质,其封油效果比固定式好,是最常用的封油装置。封油环制成齿状,封油效果更好,其结构尺寸和安装方式参见图3.20(f)。

2)挡油环

挡油环用于油润滑轴承,防止过多的油、杂质进入轴承室内以及啮合处的热油冲入轴承内(见图3.21)。挡油环与轴承座孔之间应留有不大的间隙,以便让一定量的油能溅入轴承室进行润滑。还有一种类似于挡油环的装置——储油环装置(见图3.21(c))。其作用是使轴承室内保留适量的润滑油,常用于经常启动的润滑油轴承。储油高度以不超过轴承最低滚动中心为宜。

3. 箱盖与箱座接合面的密封

在箱盖与箱座接合面上涂密封胶密封最为普遍,也有在箱座接合面上同时开回油沟,让渗入接合面间的油通过回油沟及回油道流回箱内油池以增加密封效果。

4. 其他部位的密封

检查孔盖板、排油螺塞、油标与箱体的接合面间均需加纸封油垫或皮封油圈密封。螺钉式轴承端盖与箱体之间需加密封垫片密封,嵌入式轴承端盖与箱体间常用O形橡胶密封圈密封防漏。

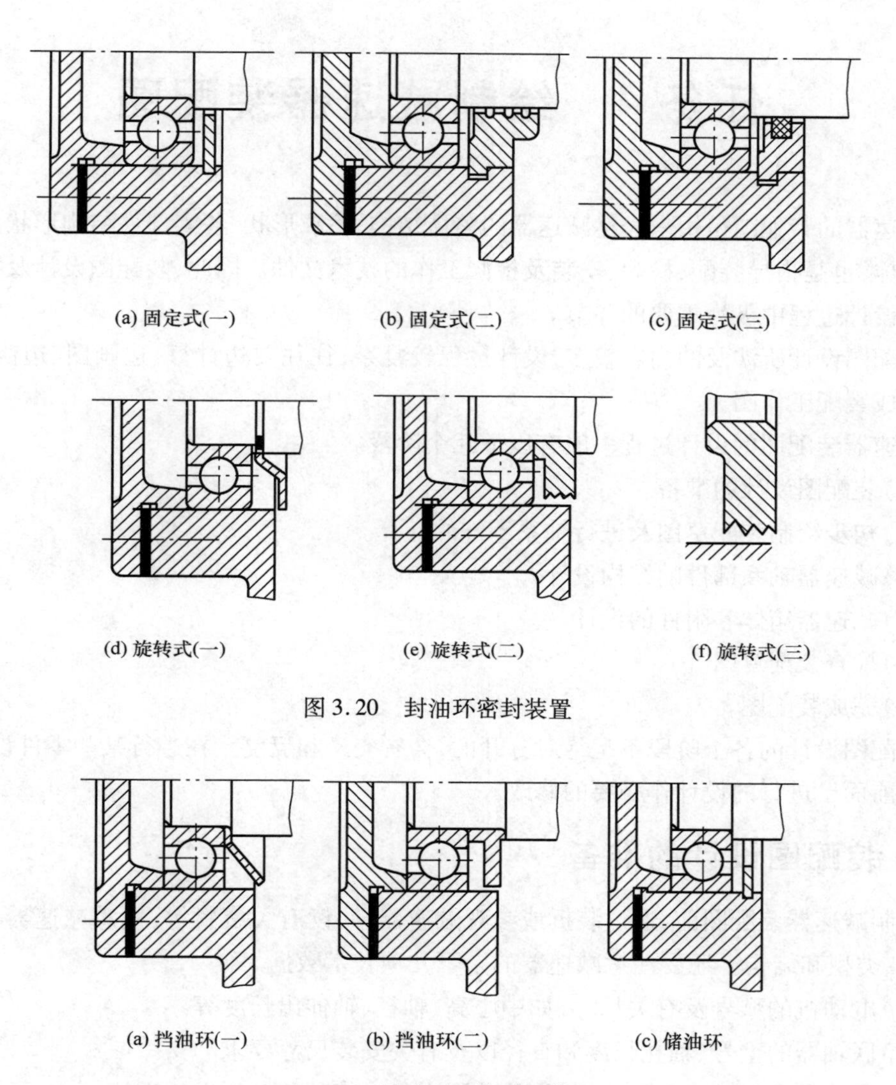

(a) 固定式(一)　(b) 固定式(二)　(c) 固定式(三)

(d) 旋转式(一)　(e) 旋转式(二)　(f) 旋转式(三)

图 3.20　封油环密封装置

(a) 挡油环(一)　(b) 挡油环(二)　(c) 储油环

图 3.21　挡油环及储油环装置

任务4　绘制减速器装配图

减速器的装配图是用来表达减速器的整体结构、轮廓形状、各零部件结构形状及相互关系的图样，也是指导装配、检验、安装及检修工作的技术文件。因此，装配图设计及绘制是整个机械设计过程中极为重要的环节。

装配图设计所涉及的内容较多，设计过程较复杂，往往要边计算、边画图、边修改，直至最后完成装配工作图。

减速器装配图的设计过程一般有以下几个阶段。

(1)装配图设计的准备。

(2)初步绘制装配草图及进行轴系零件的计算。

(3)减速器轴系部件的结构设计。

(4)减速器箱体和附件的设计。

(5)检查装配草图。

(6)完成装配图。

装配图设计的各个阶段不是绝对分开的，会有交叉和反复。在进行某些零件设计时，可能会对前面已进行的设计作必要的修改。

4.1　装配图设计的准备

绘制减速器装配图前，通过装拆或参观减速器，阅读有关资料等，熟悉减速器各零部件的作用、类型和结构。还要注意减速器的以下几项技术数据。

(1)电动机的型号及有关尺寸，如中心高、轴径、轴伸出长度等。

(2)联轴器的型号、轴孔长度和直径以及有关安装尺寸要求。

(3)各传动零件的主要尺寸，如齿轮节圆直径、齿顶圆直径、齿轮宽等。

(4)滚动轴承的类型及轴的支承形式(两端固定或一端固定、一端游动等)。

(5)减速器箱体的结构形式(整体式或剖分式)和轴承端盖形式(凸缘式或嵌入式)。

(6)箱体结构的有关尺寸。

装配图应用A0或A1图纸绘制，一般选主视图、俯视图、左视图并加以必要的局部视图来表达。为加强真实感，尽量采用1∶1或1∶2的比例尺绘图。一般装配图的三视图、明细栏和技术要求等的位置如图4.1所示。

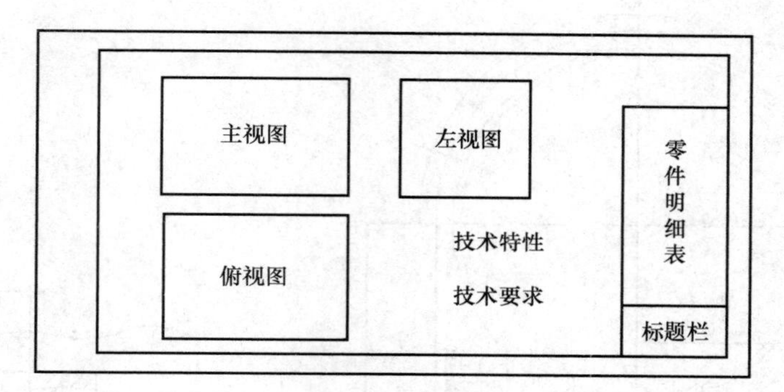

图4.1 装配图的布置

4.2 装配图设计的各个阶段

4.2.1 装配图设计的第一阶段

装配图设计第一阶段的主要内容有:在选定箱体结构形式(例如剖分式)的基础上,确定各传动件之间及传动件与箱体内壁之间的位置关系;通过轴的结构设计初选轴承型号,确定轴承位置、轴的跨度以及轴上所受各力作用点的位置;对轴、轴承及键连接等进行校核计算。

1. 确定齿轮的轮廓及其相对位置

圆柱齿轮减速器装配图设计时,一般从主视图和俯视图开始。

首先在主视图和俯视图位置画出齿轮的中心线,再根据齿轮直径和齿宽绘出齿轮轮廓位置。为保证全齿宽接触,通常使小齿轮比大齿轮宽 5 ~10 mm。

2. 确定箱体内壁的位置

为避免齿轮与箱体内壁相碰,齿轮与箱体内壁之间应留有一定的间隙,如齿轮顶圆至箱体内壁应留一定间隙 Δ_1,齿轮端面至箱体内壁应留有间隙 Δ_2 等(Δ_1、Δ_2 的值查表4.1)。小齿轮顶圆一侧的内壁线先不画,将来由主视图确定。

对于箱体底部内壁尺寸要满足齿轮润滑、冷却所需的润滑油量,同时又能沉淀油中污物,其尺寸 H = 大齿轮顶圆半径 + (30 ~50) mm + 20 mm,并将 H 值圆整。

设计时,必须全面考虑箱体内传动件的尺寸和箱体各部件的结构关系。例如,设计某些圆柱齿轮减速器小齿轮处箱体的形状和尺寸时,要考虑到轴承处上下箱连接螺栓的布置和凸台的高度和尺寸,由此确定箱体内壁的位置。可同时画两个视图,注意各部位结构尺寸的投影关系。

图4.2 所示为这一阶段所绘制的一级圆柱齿轮减速器的装配草图。

3. 确定轴承及轴承座孔端面位置

轴承及轴承座端面的位置由箱体的结构确定。轴承端面至箱体内壁应留有一定的间距 Δ_3(见表4.1),其大小取决于轴承的润滑方式。采用脂润滑时所留间距较大,以便放置挡油环,防止润滑油溅入轴承内部而带走润滑脂,如图4.3(a)所示;若采用油润滑,一般所留间距为 3 ~5 mm,如图4.3(b)所示。

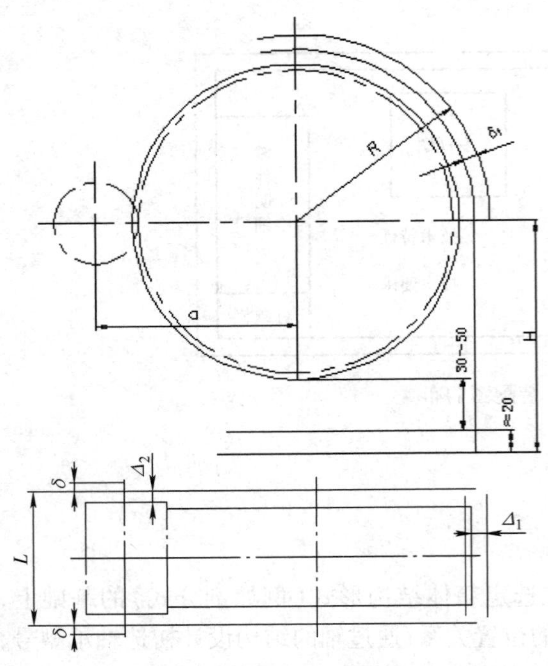

图4.2　一级圆柱齿轮减速器的装配草图(一)

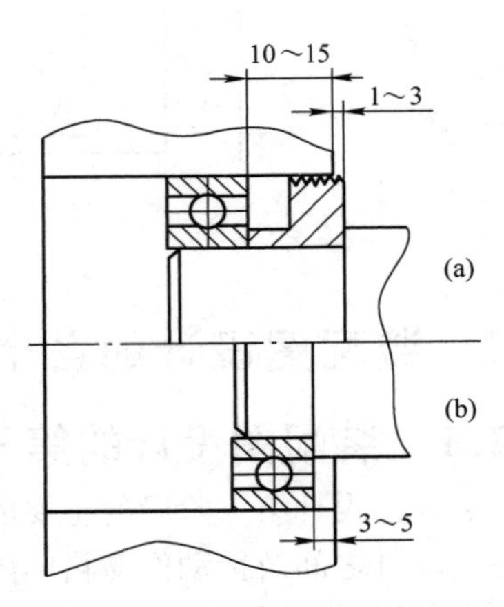

图4.3　轴承在箱体中的位置
(a)脂润滑轴承　(b)油润滑轴承

表4.1　减速器零件的位置尺寸　　mm

代号	名　称	荐用值	代号	名称	荐用值
Δ_1	齿轮顶圆至箱体内壁的距离	$\geqslant 1.2\delta$,δ为箱座壁厚	Δ_7	箱底至箱底内壁的距离	≈ 20
Δ_2	齿轮端面至箱体内壁的距离	$>\delta$(一般取$\geqslant 10$)	H	减速器中心高	$\geqslant R+\Delta_6+\Delta_7$
Δ_3	轴承端面至箱体内壁的距离 轴承用脂润滑时 轴承用油润滑时	 $\Delta_3=10\sim15$ $\Delta_3=3\sim5$	L_1	箱体内壁至轴承座孔端面的距离	$=\delta+C_1+C_2+(5\sim10)$ C_1、C_2值见表4.2
Δ_4	旋转零件间的轴向距离	$10\sim15$	L_2	箱体内壁的轴向距离	由图确定
Δ_5	齿轮顶圆至轴表面的距离	$\geqslant 10$	L_3	箱体轴承座孔端面间的距离	由图确定
Δ_6	大齿轮齿顶圆至箱底内壁的距离	$>30\sim50$	e	轴承端盖凸缘厚度	参考表3.3,表3.4

当采用剖分式箱体时,轴承座孔的宽度可初步确定为$L_1=\delta+C_1+C_2+(5\sim10)$ mm(见表3.2),其中δ为箱体壁厚(参考表3.2),C_1、C_2为轴承旁螺栓的位置尺寸(由表4.2确定),$(5\sim10)$ mm为轴承座端面凸出箱体外表面的距离,以便于进行轴承座端面的加工。

两轴承座端面的距离 L_3 应进行圆整。

表 4.2　C_1、C_2 值　　mm

螺栓直径	M8	M10	M12	M16	M20	M24	M30
$C_{1\min}$	13	16	18	22	26	34	40
$C_{2\min}$	11	14	16	20	24	28	34
沉头座直径	20	24	26	32	40	48	60

4. 轴的结构设计

绘制出减速器各零部件大致的位置之后，尚需进行轴的结构设计，确定轴的具体形状和全部结构尺寸，确定轴的支点距离和力的作用点位置，进行轴、键、轴承的强度校核。

图 4.4 所示为一级圆柱齿轮减速器装配图设计第一阶段的装配草图，主要绘制轴的结构，为轴的校核、轴承的校验准备数据。

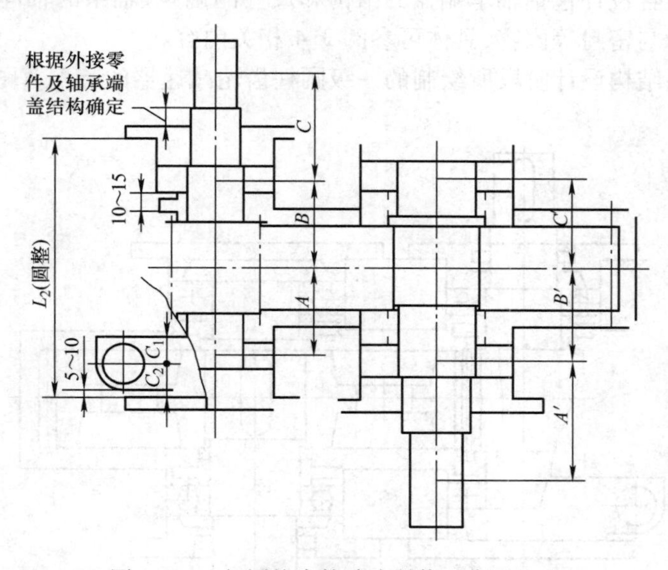

图 4.4　一级圆柱齿轮减速器装配草图(二)

进行轴、键、轴承的强度校核时应注意以下几个问题。

(1)轴上力的作用点及支点跨距可从装配草图上确定。传动件上力作用线的位置可取在轮毂宽度的中部，滚动轴承的支反力作用点可近似认为在轴承宽度的中部。

(2)若校核后轴的强度不够，则应采取适当措施提高强度。如果轴的强度裕度较大，不必马上改变轴的结构参数，应待轴承及键连接的强度校核之后，再综合考虑是否修改或如何修改的问题。

(3)滚动轴承的寿命可与减速器的寿命或减速器的检修期(2～3 年)大致相符，若计算出的寿命不满足要求(寿命太长或太短)，可考虑改用其他尺寸系列的轴承，必要时可改变轴承类型或轴承内径。

(4)对键连接主要是校核其挤压强度。若强度不够，当相差较小时，可适当增加键长；当相差较大时，可改用双键，其承载能力按单键的 1.5 倍计算。

4.2.2 装配图设计的第二阶段

装配图设计第二阶段的主要工作是进行传动零件的结构设计和轴承的组合设计。

1. 传动零件的结构设计

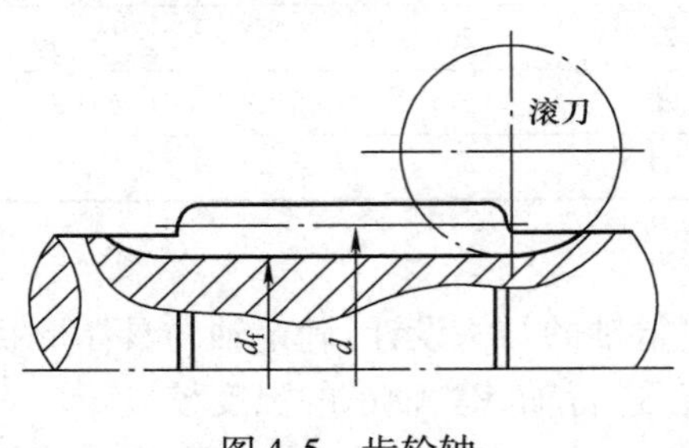

图4.5 齿轮轴

传动零件的结构与所选材料、毛坯尺寸及制造方法等有关。设计时可参阅有关齿轮结构设计资料和图例,确定和画出齿轮的结构。如果圆柱齿轮的齿根圆直径与轴的直径相差不大,则把齿轮与轴制成一体,称为齿轮轴。对于齿轮轴,当齿轮的齿根圆直径 d_f 小于轴的直径 d 时,可采用图4.5所示结构。

2. 滚动轴承的组合设计

滚动轴承的组合设计包括轴承端盖的结构和尺寸的确定、轴系的轴向固定和调整方法及滚动轴承的润滑与密封等内容,具体可参阅3.4相关内容。

图4.6为轴系结构设计阶段所绘制的一级圆柱齿轮减速器的装配草图。

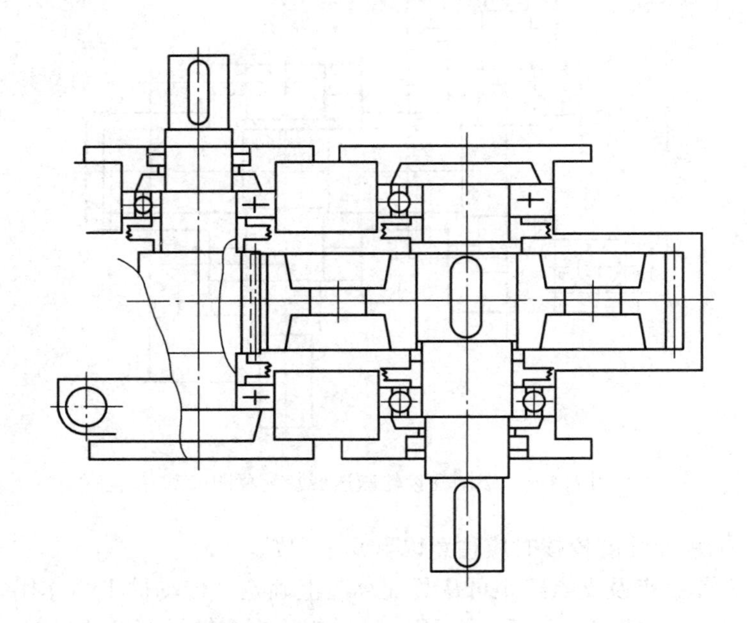

图4.6 一级圆柱齿轮减速器装配草图(三)

4.2.3 装配图设计的第三阶段

这一阶段的主要工作是进行减速器箱体及其附件的设计,绘图时应在三个视图上同时进行,必要时可增加局部视图。绘图时应按先箱体、后附件,先主体、后局部的顺序进行。

上述内容整理完后,装配图设计阶段就结束了。图4.7为一级圆柱齿轮减速器装配图设计阶段结束后所得到的图例。

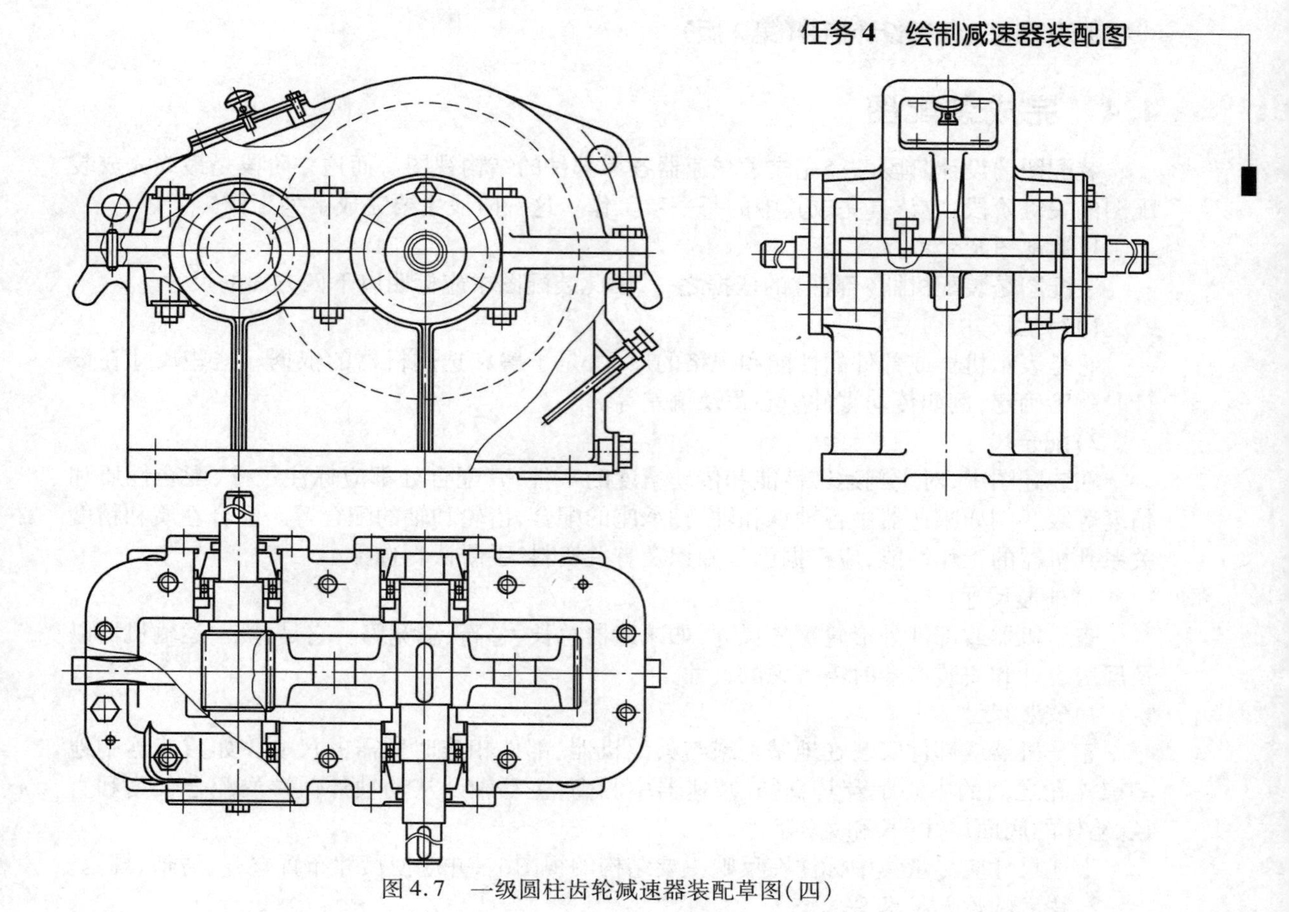

图4.7 一级圆柱齿轮减速器装配草图(四)

4.3 装配图的检查和修改

装配图设计的第三阶段结束后,应对装配图进行检查与修改。首先检查主要问题,然后检查细部,检查的主要内容有以下几项。

1. 总体布置

检查装配草图中传动系统与课程设计任务书中传动方案布置是否一致;轴伸出端的方位是否符合要求,结构尺寸是否符合设计要求;箱外零件是否符合传动方案要求。

2. 计算结果

传动零件、轴、轴承及箱体等主要零件的结构尺寸与设计计算是否一致,如齿轮中心距、轴的结构尺寸、轴承型号与跨距等。

3. 轴系结构及调整

传动零件、轴、轴承和轴上的其他零件结构是否合理,定位、固定、调整、装卸、润滑与密封是否合理。

4. 箱体和附件结构

箱体的结构和加工工艺性是否合理,附件布置是否恰当,结构是否正确。

5. 绘图规范

视图的数量和表达方式是否恰当,投影是否正确,是否符合机械制图国家标准。

4.4 完成装配图

装配图的设计阶段已经完成了减速器各零部件的结构视图。而这一阶段是最终完成装配图的关键阶段,应认真完成其中的每一项工作。这一阶段主要完成下列工作。

1. 装配图尺寸标注

装配图是装配机器(部件)的依据之一,因此装配图中应标明以下四方面的尺寸。

1)特性尺寸

它是表示机器或部件的性能和规格的尺寸,是了解和选用机器的依据。这些尺寸在设计时就已确定,例如传动零件中心距及偏差等。

2)配合尺寸

在装配图中,对影响运转性能和传动精度的零件,其配合处都应标注尺寸、配合性质和精度等级。例如减速器中各轴承和轴、轴承座的配合,齿轮和轴的配合等。配合性质和精度关系到机器的工作性能,应根据已学知识及有关资料、手册认真选择。

3)外形尺寸

表示机器或部件外形轮廓的尺寸,如减速器总长、总高、总宽等。它是包装、运输机器以及厂房设计和安装机器时需考虑的尺寸。

4)安装尺寸

它是机器或部件安装在地基上或与其他机器、部件相连时所需的尺寸。如减速器中地脚螺栓孔之间的中心距及其直径、减速器中心高;主动轴及从动轴外伸端的配合长度和直径、箱体的底面尺寸(长和宽)等。

上述尺寸应尽量集中标注在反映主要结构的视图上,并应使尺寸布置整齐、清晰、规范。

2. 技术特性或技术要求

1)技术特性

装配图绘制完后,应在装配图的适当位置上标注出减速器及其主要传动零件的技术特性,如减速器的输入功率、转速、传动效率、总传动比、传动特性(各级齿轮传动比及各传动零件的主要几何参数、精度等级)等。表4.3给出了单级圆柱齿轮减速器的技术特性。

表4.3 单级圆柱齿轮减速器的技术特性

输入功率(kW)	输入转速(r/min)	效率 η	总传动比 i	传动特性			
				m_n	β	z_1/z_2	精度等级

2)技术要求

为了保证机器的使用性能,装配图上应写明在视图上无法表示的关于装配、调整、校验、维护等方面的技术要求,主要内容有以下几个。

(1)对零件的要求。在装配之前,所有零件要用煤油或汽油清洗,箱体内不允许有任何杂物存在,箱体内壁应涂上防侵蚀的涂料等。

(2)滚动轴承轴向间隙的要求。在安装、调整滚动轴承时必须留有一定的轴向间隙。对于固定间隙的深沟球轴承,轴向间隙可取0.25~0.4 mm;对可调间隙轴承轴向间隙可查机械设计手册,并在技术要求中注明其值。

(3)传动侧隙与接触斑点。传动侧隙与接触斑点的要求是根据传动件的精度等级确定的,查出后标注在技术要求中,供装配时检查用。

传动件侧隙的检查可以用塞尺,也可以用铅丝塞进传动件啮合的间隙中,然后测量铅丝变形后的厚度。

接触斑点的检查是在主动件上涂色,使其转动,观察从动件齿面的着色情况,由此分析接触情况并进行必要的调整。

(4)对润滑剂的要求。润滑剂对减少传动零件和轴承的摩擦、磨损及散热、冷却起着重要的作用,同时也有助于减震、防锈。技术要求中应注明所用润滑剂的牌号、油量及更换时间等。一般来讲,传动零件及轴承具有不同的技术特性,所需用的润滑剂是不同的。润滑剂的选用可参阅附录7。

(5)对密封性能的要求。减速器箱体的剖分面、各接触面及密封处均不许漏油。剖分面允许涂密封胶或水玻璃,不允许使用任何垫片或填料。轴伸出密封应涂上润滑脂。

(6)对试验的要求。减速器装配后应先做空载试验,正、反转各1小时,要求运转平稳,噪声小,连接固定处不松动;然后作负载试验,油池温升不能超过35 ℃,轴承温升不能超过40 ℃。

(7)对外观、包装及运输的要求。箱体表面应涂漆,外伸轴及零件需涂油并严密包装,运输或装卸时不可倒置等。

3. 零部件编号、明细表、标题栏

1)零部件编号

对零部件编号时,可不区分标准件和非标准件而统一编号,也可将两者分别进行编号。零部件编号要完全,不能重复,相同零件只能有一个编号。

编号可按顺时针或逆时针顺序依次排列引出指引线,各指引线不能相交,且尽量不与剖面线平行,编号字体应比尺寸数字大一号。独立的组件、部件(如滚动轴承、通气器、油标等)可作为一个零件编号。对螺栓、螺母和垫圈这样的零件组,可用一条公共的指引线分别编号,如图4.8所示。

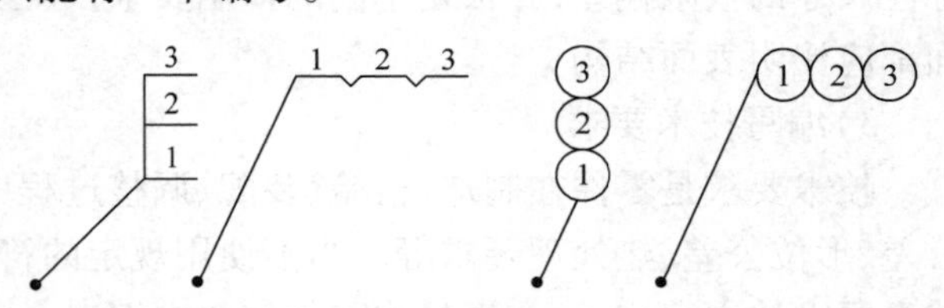

图4.8　公共引线编号方法

2)明细表、标题栏

明细表是减速器装配图所有零件的详细目录,画在标题栏上方,外框为粗实线,内格为细实线,由下向上填写。标准件必须按照规定的标记完整地填写零件名称、数量、材料、规格及标准代号。传动件必须写出主要参数,如齿轮的模数、齿数、螺旋角等,材料应写明牌号。

标题栏用来注明减速器的名称、图号、比例、质量及数量、设计人姓名等,布置在图纸的右下角。

标题栏和明细表的格式参照附录1。

完成以上工作后即可得到完整的装配工作图。附图12.1为单级圆柱齿轮减速器装配工作图示例。

任务5 绘制减速器零件图

零件图是在装配图的基础上绘制的,是进行生产准备及加工制造和检验零件的主要技术文件。零件图上除了应完整、清楚地表达零件的结构和尺寸外,还应标注出零件的尺寸公差、形位公差、表面结构、材料、热处理及相关的技术要求等。

每一张零件图只表达一个零件,所表达的零件结构和尺寸应与装配图一致。若遇零件的结构或尺寸必须更改时,应先对装配图上的相应零件进行修改,并在装配图上检查修改后的零件是否满足减速器的总体设计要求,即修改是否可行。零件设计应服从于整机设计要求。

零件图既要反映设计意图,又要考虑制造的可能性和合理性。正确设计零件图,可以起到减少废品、降低生产成本、提高生产率和机械使用性能的作用。设计、绘制零件图有如下要求。

1)正确选择和合理布置视图

用尽可能少的视图,清晰而正确地表达出零件的结构形状和几何尺寸。零件图的结构和尺寸应与装配图一致。

2)合理标注尺寸

尺寸必须齐全、清楚,并且标注合理,无遗漏,不重复;对配合尺寸和要求较高的尺寸,应标注尺寸的极限偏差,并根据不同的使用要求,标注表面形状公差和位置公差;所有加工表面都应注明表面结构。

3)编写技术要求

技术要求是零件在制造、检验、装配、调整过程中应达到的各项要求,如表面结构、尺寸公差、形位公差、热处理要求等。当不使用规定的符号标注时,可集中书写在图纸的右下角。技术要求的内容广泛,需视具体零件的要求而定。

4)零件图标题栏

标题栏用以说明零件的名称、材料、数量、图号、比例及责任者姓名,其格式和尺寸参考相关标准。

5.1 轴类零件工作图的设计要点

轴类零件是指圆柱体形状的零件,如轴、套筒等。这类零件的设计要点如下。

5.1.1 视图的选择

轴类零件工作图一般只用一个主要视图表达,在有键槽和孔的部位,增加必要的剖视图。对于轴上表达不清的内容,如砂轮越程槽、退刀槽、中心孔等,可采用局部放大图表达。

5.1.2 尺寸标注

轴类零件应该标注各轴段的直径尺寸、长度尺寸、键槽和轴部结构尺寸等。

在标注直径尺寸时，凡有配合处的直径，都应标出尺寸的极限偏差。当轴段直径有几段相同时(如安装轴承的两轴颈)，应逐一标注，不得省略。

在标注轴向尺寸时，为保证轴上所装零件的轴向定位，应根据设计和工艺要求确定主要基准和辅助基准，并尽量使尺寸的标注反映加工工艺的要求，并选择合理的标注形式，不允许出现封闭的尺寸链。通常，对于长度尺寸精度较高的部分应当直接注出，轴中最不重要的轴段的轴向尺寸作为封闭环而不标出。

图5.1是轴类零件标注的示例。①端面是给齿轮定位的重要表面，取其作为轴向尺寸的主要基准面既满足设计要求，又满足加工工艺的要求。L_4、L_2由①端面标出是考虑减少加工误差，保证齿轮固定及轴承定位的可靠性。L_7是辅助基准面②和主要基准面间的联系尺寸，必须标出。在各段长度尺寸中，直径为$\phi 2$的轴段长度是次要尺寸，误差的大小不影响装配精度，故取它为封闭环，不标注长度尺寸，这样两端的加工误差积累在该轴段上，避免出现封闭的尺寸链。考虑到加工工艺和测量方便，轴上装配齿轮、轴承、联轴器(带轮)等零件的重要配合轴段，其轴向尺寸一般从两端标出。其余尺寸中不重要的可以考虑作为尺寸链中的封闭环。

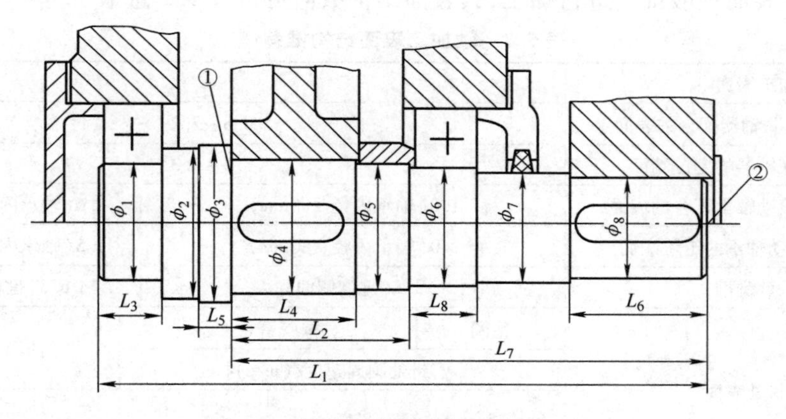

图5.1　轴的长度及直径尺寸的标注

上述尺寸标注，也反映了该轴的主要加工过程，满足加工工艺和测量的要求。

键槽的尺寸偏差及标注方法可参考手册。

轴上的全部倒角、过渡圆角都应标注。若尺寸相同时，也可在技术要求中加以说明。

5.1.3　标注尺寸的极限偏差和形位公差

(1)轴上配合部位(如轴头、轴颈、密封装置处等)的极限偏差，要根据装配图中的配合性质，从公差配合表中查出公差值，并标出各个尺寸的极限偏差。

(2)键槽的极限偏差按键连接标准从附表6.11中查出。为了加工检验方便，轴上键槽深度一般标注尺寸 $d-t$ 的值，再标注极限偏差(此时极限偏差取负值)。

(3)轴的长度尺寸可以不标注极限偏差。自由公差按h12、h13或H12、H13决定。

(4)轴上的各重要表面应标注形状公差和位置公差(即形位公差)。轴的形位公差推荐项目及推荐用精度见表5.1。

表 5.1　轴的形位公差推荐项目

内容	项　目	符　号	推荐用精度等级	对工作性能的影响
形状公差	与传动零件轴孔、轴承相配合的圆柱面的圆柱度	⌭	7~8	影响传动零件、轴承与轴的配合松紧及对中性
位置公差	与传动零件与轴承相配合的圆柱面相对于轴线的径向全跳动	⌰	6~8	影响传动件和轴承的运转偏心
	与齿轮、轴承定位的端面相对于轴心线的端面圆跳动	↗	6~7	影响齿轮和轴承的定位及受载均匀性
	键槽对轴中心线的对称度	⌯	8~9	影响键受载的均匀性及装拆的难易

5.1.4　标注表面结构

轴的各个表面一般都要进行加工,其表面结构数值可按表 5.2 选取。

表 5.2　轴加工表面结构推荐值　　　μm

<table>
<tr><th>加工表面</th><th colspan="4">Ra</th></tr>
<tr><td>与传动零件、联轴器配合的表面</td><td colspan="4">0.8~3.2</td></tr>
<tr><td>传动件及联轴器的定位端面</td><td colspan="4">1.6~6.3</td></tr>
<tr><td>与普通精度滚动轴承配合的表面</td><td colspan="3">1.0(轴承内径≤80mm)</td><td>1.6(轴承内径>80mm)</td></tr>
<tr><td>普通精度滚动轴承的定位端面</td><td colspan="3">2.0(轴承内径≤80mm)</td><td>2.5(轴承内径>80mm)</td></tr>
<tr><td>平键键槽</td><td colspan="3">3.2(键槽侧面)</td><td>6.3(键槽底面)</td></tr>
<tr><td rowspan="4">密封处表面</td><td>毡圈</td><td colspan="2">橡胶密封圈</td><td rowspan="2">油沟、迷宫式</td></tr>
<tr><td colspan="3">密封处圆周速度/(m/s)</td></tr>
<tr><td>≤3</td><td>>3~5</td><td>>5~10</td><td rowspan="2">3.2~1.6</td></tr>
<tr><td>1.6~0.8</td><td>0.8~0.4</td><td>0.4~0.2</td></tr>
</table>

5.1.5　技术要求

轴类零件的技术要求一般包括以下内容。

(1)对材料力学性能、化学成分的要求及允许的代用材料。

(2)对材料表面力学性能的要求,如热处理方法、热处理后的硬度、渗碳层深度及淬火深度等。

(3)对加工的要求,如与其他零件配作的要求、中心孔的要求(不保留中心孔等)。

(4)图上未注圆角、倒角的说明及其他一些特殊要求(如镀铬)等。

轴类零件工作图见附图 12.7。

5.2　齿轮类零件工作图的设计要点

齿轮类零件包括圆柱齿轮、锥齿轮、蜗杆、蜗轮。这类零件除视图和技术要求外,还应有参数表。下面主要针对圆柱齿轮进行简要说明。

5.2.1　视图的选择

齿轮类零件工作图应按照国家有关标准规定绘制，一般需两个视图表示，即主视图和侧视图。主视图通常采用全剖和半剖，侧视图可采用以表达孔、键槽等形状和尺寸为主的局部视图。对于轮辐结构齿轮，还应增加必要的局部视图。齿轮轴与蜗杆轴的视图与轴类零件相似。

5.2.2　尺寸、公差和表面结构的标注

1. 标注尺寸

齿轮零件工作图上的尺寸按回转体的尺寸标注方法进行。齿轮的各径向尺寸以轴线为基准，轴向尺寸以端面为基准。既要注意不要遗漏，如各圆角、倒角、斜度、锥度、键槽尺寸等，又要注意避免重复。

齿轮的分度圆是设计计算的基本尺寸，顶圆直径、轮毂直径、轮辐（或腹板）等尺寸，都应标注在图纸上，且必须标注；而齿根圆直径是根据其他尺寸参数加工的结果，按规定不予标注。

2. 标注极限偏差和形位公差

为保证齿轮啮合精度，要求齿轮在加工、检验和安装时尽量采用同一个径向基准面和同一个轴向辅助基准面，因此齿坯的加工精度对齿轮的加工、检验及安装精度影响很大，对齿坯上的重要基准面必须规定精度要求。对齿坯的精度要求包括：齿轮轴或孔的尺寸公差、形位公差及基准面的跳动。各项公差的推荐值见表5.3。齿轮类零件的其他装配尺寸，如键槽等，也应标注尺寸偏差和形位公差。

表5.3　齿坯公差

齿轮精度等级			6	7和8	9
孔	尺寸公差		IT6	IT7	IT8
	形状公差				
轴	尺寸公差		IT5	IT6	IT7
	形状公差				
顶圆直径	作测量基准		IT8		IT9
	不作测量基准		按IT11级给定，但不大于0.1m_n		
基准面的径向圆跳动和端面圆跳动/μm	分度圆直径/mm	≤125	11	18	28
		>125～400	14	22	36
		>400～800	20	32	50

注：(1)当三个公差组的精度等级不同时，按最高的精度等级确定公差值。

(2)当以顶圆作为基准面时，本表就指顶圆的径向跳动。

(3)表中IT为标准公差值，其值查GB/T 1800.3—1998。

各基准面尺寸的极限偏差和形位公差值，应根据齿轮传动精度从有关表中查取。

圆柱齿轮需标注的尺寸极限偏差和形位公差一般有如下内容。

(1)毂孔或齿轮轴轴颈的极限偏差：根据装配图上所选择的配合性质查阅表5.3及孔与轴的极限偏差标准。

(2)毂孔圆柱度公差：其值约为毂孔直径尺寸公差的3/10，再按照圆度、圆柱度公差标准圆整。

(3)齿顶圆直径的极限偏差：查阅表5.3。

(4)齿顶圆的径向跳动度公差:查阅表5.3。

(5)齿轮基准端面的端面圆跳动公差:查阅表5.3。

(6)键槽尺寸的极限偏差:查键连接标准,键面的对称度公差值参阅表5.1。

其标注方法可参考附图12.8。

3. 标注表面结构

齿轮上各加工表面应标注表面结构,数值应与齿轮的精度等级相适应。表5.4列出了齿轮主要表面结构的推荐值,也可参考手册选择。

表5.4 圆柱齿轮主要表面结构推荐值 μm

加工表面		表面结构参数值				
		齿轮第Ⅱ组精度等级				
		6	7	8	9	10
轮齿工作面	法向模数≤8	0.4	0.8	1.6	3.2	6.3
	法向模数>8	0.8	1.6	3.2	6.3	6.3
齿轮基准孔(轮毂孔)		0.8	0.8~1.6	1.6	3.2	3.2
齿轮基准轴颈		0.4	0.8	1.6	1.6	3.2
齿轮基准端面		1.6	3.2	3.2	3.2	6.3
齿顶圆	作为基准	1.6	3.2~1.6	3.2	6.3	12.5
	不作为基准	6.3~12.5				
平键键槽		3.2(工作面),6.3(非工作面)				

5.2.3 齿轮参数表

齿轮是一类特殊的零件。在齿轮零件工作图上,并没有全部准确地画出零件的形状(如齿的形状等),而是由齿轮参数表给出齿轮零件的一些重要参数。齿轮类零件图上的齿轮参数表应布置在图纸的右上角。表中内容应包括:齿轮的基本参数(模数 m_n、齿数 z、齿形角 α 及斜齿轮螺旋角 β)、齿厚(或公法线长度及跨测齿数)、精度等级、中心距偏差、公差组检验项目及数值、配对齿轮的图号及齿数等,见表5.5。

表5.5 齿轮参数表

名称	代号	名称	代号	名称	代号
法向模数	m_n	螺旋角	β	齿轮副中心距及其极限偏差	$a \pm f_a$
齿数	z	螺旋方向		配对齿轮	图号
齿形角	α	径向变位系数	x	配对齿轮	齿数
齿顶高系数	h_a^*	齿厚		公差组检验项目代号	
全齿高	h	精度等级标准	GB/T 10095.1—2001	公差组公差(或极限偏差)值	

1. 精度等级及其选择

标准对齿轮及齿轮副的精度规定了13个精度等级,0级的精度最高,13级的精度最低。齿轮副中两个齿轮的精度一般取成相同,也允许取成不同。普通减速器齿轮的精度等级可参考表5.6选取。

表5.6　普通减速器齿轮的最低精度(摘自 JB/T 9050.1—2015)

齿轮圆周速度/(m/s)		精度等级按 GB/T 10095.1—2008	
斜齿轮	直齿轮	软或中硬齿面	硬齿面
≤8	≤3	997	886
>8~12.5	>3~7	887	776
>12.5~18	>7~12	877	766
>18	>12~18	766	766

2. 齿轮的检验项目

GB/T 10095.1—2008 及 GB/T 10095.2—2008 规定了齿轮的检验项目,但新标准并没有将检验项目分组,实际齿轮测量时,不必单项及综合项目均检验,只需将这些检验项目分成若干检验组,选其中一组进行检验,参照旧标准的检验项目分组法,建议按表5.7中推荐的检验组择一检验。

表5.7　推荐使用的圆柱齿轮检验组

	单项检验组	综合检验组
Ⅰ组	f_{pt}、F_p、F_α、F_β、F_r、(f_{pt}、F_p——齿距偏差;F_α——齿廓偏差;F_r——齿圈径向跳动公差)	F_i——径向综合总公差 f_i——齿径向综合公差
Ⅱ组	f_{pt}、F_p、F_{pk}、F_α、F_β、F_r(F_{pk}——齿距偏差)	F_i——切向综合总公差
Ⅲ组	f_{pt}、F_r(只用于10~12级)	f'_i——齿切向综合公差

各检验项目的公差及极限偏差可查阅有关标准。

齿轮参数表的详细内容可参考手册或附图12.8。

5.2.4　技术要求

齿轮类零件图上的技术要求一般有如下内容:

(1)对材料的化学成分、力学性能、热处理方法等的说明;

(2)图中未注明的圆角、倒角尺寸和未注明的表面结构等;

(3)齿轮毛坯的来源(如锻件、铸件等);

(4)对大齿轮或高速齿轮还应提出动平衡要求。

5.3　箱体的设计要点

5.3.1　视图的选择

箱体(箱座或箱盖)的结构比较复杂,一般要用三个视图来表示,对于一些不易表达清楚的局部结构,如油尺孔、螺栓孔、销钉孔、放油孔等细部结构,还应增加局部视图或采用剖视图来表示。

5.3.2　尺寸标注

箱体结构较复杂,箱体图上要标注的尺寸较多。在标注尺寸时,应清晰正确,要避免遗漏和重复,避免出现封闭尺寸链等。

标注尺寸时,考虑到加工工艺和测量要求,应选择合适的标注基准。箱座高度方向的尺寸,一般以箱座底面为基准;箱盖高度方向的尺寸,一般以剖分面为标注基准;长度方向的尺寸,应以轴承座孔的中心线为主要基准;宽度方向的尺寸,一般以箱体宽度的对称中线为基准。

标注的箱体尺寸可分为形状尺寸、定位尺寸和工作性能尺寸。形状尺寸是箱体各部位形状大小的尺寸,如箱体的长宽高、壁厚、孔径和深度等,这类尺寸应直接标出、标全。定位尺寸是确定箱体各部位相对于基准的位置尺寸,如孔的中心线、关键平面到基准的距离等,这类尺寸应从基准(或辅助基准)直接标出。工作性能尺寸是指对机器工作性能影响较大的尺寸,如减速器的中心距等。

箱体的所有圆角、倒角、铸造斜度等都应标出或在技术要求中说明。全部的配合尺寸都应标出偏差值。

5.3.3 标注尺寸公差、形位公差和表面结构

箱体上需标注的尺寸极限偏差有:轴承孔直径极限偏差,轴承中心孔极限偏差。可依据选取的配合及精度查表确定偏差数据。箱体的形位公差可参考表5.8进行选择,箱体的表面结构可参考表5.9进行选择。

表5.8 箱体形位公差推荐项目及数值

类别	项目	符号	推荐精度等级(或公差值)	对工作性能的影响
形状公差	轴承座孔的圆柱度	⌭	G级轴承选6~7级	影响机体的配合性能及与轴承的对中性
	箱体剖分面的平面度	▱	7~8级	
位置公差	两轴承孔中心线间的同轴度	◎	7~8级	影响减速器的装配性能及载荷的均匀分布
	轴承座孔的中心线对其端面的垂直度	⊥	G级轴承选7级	影响轴承定位及轴向载荷均匀分布
	轴承座孔中心线间的平行度	//	以轴承支点间的跨度代替齿轮宽度,根据轴线平行度公差及齿轮公差值数据查出	影响传动件的传动平衡性及载荷分布的均匀性
	锥齿轮减速器及蜗轮减速器的轴承孔中心线间的垂直度	⊥	根据齿轮和蜗轮精度确定	

表5.9 箱体主要表面结构参数值 μm

加工表面	表面结构参数值
减速器剖分面	1.6
与普通精度滚动轴承配合的孔表面	0.8(孔径≤80mm),1.6(孔径>80mm)
轴承座凸缘端面	3.2~6.3
减速器底面	12.5
油沟及窥视孔平面	12.5
螺栓孔及沉头孔	12.5
圆锥销孔	1.6~3.2
与轴承端盖或套杯配合的孔	12.5

5.3.4 技术要求

箱体零件图上的技术要求一般有如下内容。

(1)对铸件质量的要求(如不允许有砂眼、渗漏现象等)。

(2)铸件应进行时效处理,并对铸件进行清砂和表面防护(如涂漆)等要求。

(3)对未注明的圆角、倒角、铸造斜度等进行说明。

(4)对需要进行配作加工(轴承座孔必须配镗,定位销在镗轴承孔前配钻配铰等)的说明。

(5)其他必要的说明。

铸造箱体工作图见附图12.9和附图12.10。

任务6　编写设计计算说明书与准备答辩

设计计算说明书既是图纸设计的理论依据，又是设计计算的总结，还是审核设计是否合理的技术文件。因此，编写设计计算说明书是设计工作的一个重要环节。答辩是课程设计的最后一个重要环节，是检查学生实际掌握知识的情况和设计的成果，评定学生课程设计成绩的一个重要方面，是对整个设计过程的总结和必要的检查。

6.1　设计计算说明书的内容和要求

6.1.1　设计计算说明书的内容

设计计算说明书的主要内容大致包括以下内容。

(1)目录(标题及页码)。

(2)设计任务书(传动方案简图)。

(3)传动方案的分析。

(4)电动机的选择。

(5)传动装置的运动及动力参数计算。

(6)传动零件的设计计算。

(7)轴的设计计算。

(8)键连接的选择及计算。

(9)滚动轴承的选择和计算。

(10)减速器附件的选择。

(11)联轴器的选择。

(12)润滑与密封(润滑与密封方式的选择、润滑剂的选择)。

(13)设计体会。

(14)参考资料(资料编号　主要责任者、书名、版本、出版地、出版单位、出版年)。

6.1.2　设计计算说明书的要求

(1)设计计算说明书要求计算正确，论述清楚，文字简练，书写工整。

(2)计算内容一般只需写出计算公式，再代入数值(运算和简化过程不必写)，最后写清计算结果、标注单位并写出结论(如“强度足够”“在允许范围”等)。对于主要的计算结果，在说明书的右侧一栏填写，使其醒目突出。

(3)说明书中应包括有关的简图，如传动方案简图、轴的受力分析图、弯矩图、传动件草图等。

(4)说明书中所引用的重要公式或数据，应注明来源、参考资料的编号和页码。

(5)对每一自成单元的内容，都应有大小的标题，使其醒目，便于查阅。

(6)说明书应按一定的格式书写，要标出其页码，编好目录，做好封面，最后装订成册，封面格式可参照图6.1。

机械设计 课程设计说明书
(机械设计基础)

装 订 线

设计题目________
院(系)________
专 业________
班 级________
学 号________
设计者________
指导教师________
完成日期___年___月___日

图6.1 设计计算说明书封面

设计计算说明书书写格式示例见表6.1。

表6.1 设计计算说明书

设计计算及说明	结果
一、传动方案分析 ……	
二、电动机的选择 1. 选择电动机型号 本减速器在常温下连续工作,载荷平稳,对启动无特殊要求,但工作环境灰尘较多,故选用Y型三相笼型感应电动机,封闭式结构,电压为380V。 2. 确定电动机功率 工作机所需功率 $P_w = \frac{Fv}{1000\ nw} = \frac{4800 \times 1.05}{1000 \times 0.96} = 5.25\text{kW}$ 电动机的工作功率 $P_0 = \frac{P_w}{\eta_a}$ 电动机到卷筒轴的总效率为 $\eta_a = \eta_1 \eta_2^3 \eta_3^2 \eta_4$ 由表2.3查得:$\eta_1 = 0.96$,$\eta_2 = 0.98$(滚子轴承),$\eta_3 = 0.97$(齿轮精度为8级),$\eta_4 = 0.99$(齿形联轴器),代入得 $\eta_a = 0.96 \times 0.98^3 \times 0.97^2 \times 0.99 = 0.84$ $P_0 = 5.25/0.84\ \text{kW} = 6.25\ \text{kW}$ 查表,选电动机额定功率为7.5kW。 3. 确定电动机转速 卷筒轴工作转速为 $n_w = \frac{60 \times 1000v}{\pi D} = \frac{60 \times 1000 \times 1.05}{3.14 \times 250}\text{r/min} = 80\ \text{r/min}$ ……	$P_w = 5.25\ \text{kW}$ $\eta_a = 0.84$ $P_0 = 6.25\ \text{kW}$ $n_w = 80\ \text{r/min}$

6.2 答辩

6.2.1 答辩的目的及作用

答辩是课程设计的最后一个环节,对初次做设计的学生,答辩能起到如下几个作用。

(1)通过答辩准备,可以系统地、全面地分析整个设计的优缺点,发现存在的问题,提高分析和解决工程实际问题的能力,总结、巩固初步掌握的设计方法和步骤。

(2)通过设计答辩,检查学生对有关知识的掌握情况,了解学生对有关知识的掌握程度以及利用这些知识解决实际问题的能力。

(3)通过设计答辩,还可以培养学生的语言表达能力,并可使指导教师了解学生完成设计的真实情况,也可使学生知道指导教师对自己设计的评价。

因此,指导教师与学生对设计答辩应有足够的认识和重视,并认真做好准备。答辩必须在完成规定的全部设计任务,并交指导教师审阅后方可进行。在答辩前,应认真整理和检查全部图样和说明书,进行系统、全面的回顾和总结。搞清楚设计中的每一个数据、公式的使用,弄懂图样上的结构设计问题,每一线条的画图依据以及技术要求的其他问题。做好总结可以把还不懂或尚未考虑的问题弄明白、理解透彻,以取得更大的收获,更好地达到课程设计的目的和要求。答辩中,学生应扼要地介绍自己的设计思想、设计的优缺点和设计过程中碰到的主要问题及解决方法。在指导教师提出问题时,学生不要紧张,力求切中题意,简明扼要地做出回答。

课程设计答辩一般为个别答辩,也可以从班级中挑选几个有代表性的学生进行公开答辩,但不宜过多。答辩结束后,指导教师根据答辩情况,学生分析和解决问题能力,设计图纸和说明书质量以及设计过程中的工作态度,恰当评定学生的成绩。

6.2.2 设计答辩内容

答辩时,应着重考查以下几个问题。

(1)设计中所选传动装置、结构、装配、工艺的合理性。

(2)设计基本理论、方法的掌握程度与运用能力。

(3)对标准化及经济性如何考虑和运用。

(4)使用国标和参考资料的能力。

(5)叙述问题时,语言的表达能力。

6.2.3 设计答辩思考题(供参考)

1. 综合题目

(1)简述对设计题目的分析,总体方案的构思,试对不同传动方案进行比较。

(2)在总体布置时,怎样安排各级传动的先后顺序?链传动和带传动各应布置在高速级还是低速级?

(3)电动机的额定功率与输出功率有何不同?传动件按哪种功率设计,为什么?

(4)传动装置中,选用什么形式的联轴器,为什么?

(5)同一轴上的功率 P、转矩 T、转速 n 之间有何关系?设计的减速器中各轴上的功率、转矩、转速是如何确定的?

(6)在设计的减速器中,哪些部分需要调整,如何调整?

(7)减速器箱盖与箱座连接处定位销的作用是什么?销孔的位置如何确定?销孔在何时加工?

(8)起盖螺钉的作用是什么?如何确定其位置?

(9)传动件的浸油深度如何确定,如何测量?

(10)伸出轴与端盖间的密封件有哪几种?你在设计中选择了哪种密封件?选择的依据是什么?

(11)为了保证轴承的润滑与密封,你在减速器结构设计中采取了哪些措施?

(12)密封的作用是什么?你设计的减速器哪些部位需要密封?采取什么措施保证密封?

(13)毡圈密封槽为何做成梯形槽?

(14)轴承采用脂润滑时为什么要用挡油环?挡油环为什么要伸出箱体内壁?

(15)你设计的减速器有哪些附件?它们各自的功用是什么?

(16)布置减速器箱盖与箱座的连接螺栓、定位销、油标及吊耳(吊钩)的位置时应考虑哪些问题?

(17)通气器的作用是什么?应安装在哪个部位?你选用的通气器有何特点?

(18)检查孔有何作用?检查孔的大小及位置应如何确定?

(19)说明油标的用途、种类以及安装位置的确定。

(20)你所设计箱体上油标的位置是如何确定的?如何利用该油标测量箱内油面高度?

(21)放油螺塞的作用是什么?放油孔应开在哪个部位?

(22)轴承端盖起什么作用?有哪些形式?各部分尺寸如何确定?

(23)轴承端盖与箱体之间所加垫圈的作用是什么?

(24)如何确定箱体的中心高?如何确定剖分面凸缘和底座凸缘的宽度和厚度?

(25)试述螺栓连接的防松方法,在你的设计中采用了哪种方法?

(26)调整垫片的作用是什么?

(27)箱盖与箱座安装时,为什么剖分面上不能加垫片?如发现漏油(渗油),应采取什么措施?

(28)箱体的轴承孔为什么要设计成一样大小?

(29)为什么箱体底面不能设计成平面?

(30)你在设计中采取什么措施提高轴承座孔的刚度?

2. 传动系统参数计算的有关题目

(1)电动机的转速是怎样确定的?电动机转速对设计出的传动装置将有什么影响?

(2)电动机转速的高低对传动方案有何影响?

(3)电动机的额定转速和同步转速有什么不同?设计计算时应按哪个转速,为什么?

(4)电动机的功率是怎样确定的?什么叫电动机额定功率和实际所需的输出功率?设计计算传动零件时,什么情况下应按额定功率,什么情况下应按实际所需的输出功率?

(5)传动装置的总传动比如何确定?怎样分配到各级传动中?

(6)分配传动比的原则有哪些?传动比的分配对总体方案有何影响?工作机转速与实际转速间的误差应如何处理?

(7)你所设计的减速器的总传动比是如何确定和分配的？

(8)机械传动装置的总效率如何计算？确定总效率时要注意哪些问题？

(9)怎样确定各轴的功率、转速和转矩？

(10)传动装置中各相邻轴间的功率、转速、转矩关系如何？

3. 传动零件设计的有关题目

(1)V 带型号是怎样确定的？V 带根数一般在什么范围内选取？根数太多或太少对带传动工作各有什么利弊？怎样调整？

(2)小带轮直径取大或取小,对设计出的带传动将有什么影响？

(3)怎样选择链节距和链轮齿数？链传动的中心距对链工作能力有何影响？

(4)试分析比较带传动、链传动、齿轮传动的特点,它们会发生哪些失效形式？

(5)减速器齿轮传动,若配对齿轮都采用软齿面,其材料和热处理方法如何选定？齿面硬度为什么要有差别？有多大差别较为合适？

(6)齿轮传动的主要参数有哪些？怎样选取齿数 z、齿宽系数 b 和螺旋角 β？这些参数取得大或小,对设计出的传动有什么影响？

(7)计算齿轮传动参数时,哪些参数值可以圆整？哪些参数值不能圆整？为什么？

(8)你所设计传动件的哪些参数是标准的？哪些参数应该圆整？哪些参数不应该圆整？

(9)计算斜齿轮传动中心距 a 时,若不是整数,怎样把它调整到整数？

(10)齿轮传动的精度等级是怎样确定的？所设计的齿轮,根据什么确定其制造方法？

(11)齿轮有哪几种结构形式？为什么常在辐板式齿轮的辐板上打孔？

(12)在什么情况下设计成齿轮轴？与齿轮和轴分开的方案相比,齿轮轴有什么优缺点？

(13)蜗杆传动有何特点？在什么情况下宜采用蜗杆传动？大功率时,为什么很少采用蜗杆传动？

(14)蜗杆和蜗轮的材料是怎样选取的？

(15)蜗杆传动为什么要进行传动效率计算、热平衡计算？试对蜗杆传动进行受力分析？

(16)在圆柱齿轮、圆锥齿轮和蜗杆传动设计中,为了装配正确,如何从结构和尺寸上加以保证？

(17)齿轮传动、蜗杆传动的润滑是怎样考虑的？润滑剂怎样选择？

(18)齿轮、锥齿轮、蜗杆浸入油中深度以多少为宜？

(19)中、小尺寸的齿轮,为什么常采用锻造毛坯制作？能用型材直接加工吗？什么情况下采用铸造毛坯制作？

4. 轴设计的相关题目

(1)轴的材料是如何选定的？怎样确定轴的形状和尺寸？轴的主要失效形式是什么？哪些因素影响轴的疲劳强度？在设计中采取了哪些提高疲劳强度的措施？

(2)按照所设计的减速器,绘出从动轴受力图、弯矩图和扭矩图。

(3)轴上的封油环、挡油环各起什么作用？

(4)轴上为什么要车削出轴肩？能否用轴套代替？

(5)轴上的退刀槽、倒角及圆角等有何作用?其尺寸如何确定?

(6)轴承如何在轴上定位?轴的热变形伸长问题是如何解决的?

(7)所设计的减速器中,轴向力是如何传递的?哪个轴承受的轴向力最大?

(8)怎样初步估算轴的跨度?当轴与滚动轴承组合结构设计完成后,若轴的跨度和初步估算的跨度不相同,怎么办?

(9)你所设计减速器中的各轴分别属于哪类轴(按承载情况分)?轴断面上的弯曲应力和扭转切应力各属于哪种应力?

(10)以减速器的输出轴为例,说明轴上零件的定位与固定方法?

(11)试述你的设计中轴上所选择的形位公差。

(12)试述低速轴上零件的装拆顺序。

(13)轴上键槽的位置与长度如何确定?你所设计的键槽是如何加工的?

(14)设计轴时,对轴肩(或轴环)的高度及圆角半径有什么要求?

(15)轴的强度计算方法有哪些?如何确定轴的支点位置和传动零件上力的作用点?

(16)轴的外伸长度如何确定?如何确定各轴段的直径和长度?

(17)如何保证轴上零件的周向固定及轴向固定?

(18)以减速器的输出轴为例,说明轴上零件的定位与固定方法。

(19)对轴进行强度校核时,如何选取危险剖面?

5. 滚动轴承选算的相关题目

(1)怎样选择滚动轴承类型?怎样确定滚动轴承的预期寿命?

(2)同一轴上的两个滚动轴承类型和直径是否应相同,为什么?

(3)在进行滚动轴承组合设计时,考虑了哪些问题?你是如何解决的?为什么采用滚动轴承而不采用滑动轴承?

(4)滚动轴承一般选用什么润滑剂?滚动轴承常用哪些密封装置?

(5)滚动轴承外座圈与箱体的配合,内座圈与轴的配合有什么不同?

(6)滚动轴承为什么要留有轴向间隙(游隙)?间隙大小怎样确定和调整?

(7)滚动轴承孔为什么常设套杯?

(8)结合你的设计,说明如何考虑向心推力轴承轴向力 F_0 的方向?

(9)试分析轴承正、反装形式的特点及适用范围。

(10)轴承在轴上如何安装和拆卸?在设计轴的结构时如何考虑轴承的装拆?

(11)为什么在两端固定式的轴承组合设计中要留有轴向间隙?对轴承轴向间隙的要求如何在装配图中体现?

(12)说明你所选择的轴承类型、型号及选择依据。

(13)你在轴承的组合设计中采用了哪种支承结构形式,为什么?

(14)角接触轴承为什么要成对使用?

(15)圆锥滚子轴承的压力中心为什么不通过轴承宽度的中点?

(16)套杯和端盖间的垫片起什么作用?端盖和箱体间的垫片起什么作用?

6. 减速器箱体设计的相关题目

(1)减速器的箱座和箱盖的尺寸是怎样确定的?为什么采用这种结构形式?

(2)轴承旁螺栓孔中心位置和凸台高度是怎样设计的?

(3)减速器上采用了哪些附件？它们的位置和尺寸是怎样确定的？各附件有什么作用？

(4)怎样确定箱盖与箱座的连接螺栓和地脚螺栓的位置及尺寸？箱盖与箱座的接合面能否加垫片，为什么？

(5)为什么把箱体设计成剖分式？怎样考虑和解决轴承支承的刚性及同轴度？

(6)怎样决定润滑油面的高度、油池深度及箱座的高度？

(7)齿侧面、齿顶与箱体内壁之间为什么要留有一定的间隙？

(8)箱体通常用什么材料？为什么要在箱体上加筋？箱体是怎样加工的？

(9)减速器装配图上应标注哪些尺寸？说明这些尺寸在减速器装配过程中的作用。

(10)减速器装配图上哪些部位标注配合？为什么选用这些配合？

(11)零件图中尺寸、公差标注是否正确？表面结构如何确定？

(12)减速器的装配、拆卸和调整是如何考虑的？是否方便？

(13)减速器主要零件的加工工艺是怎样的？

(14)装配图上的技术要求是否完善、正确？说明各项技术条件的含义。

(15)设计中怎样考虑技术经济指标和使用安全问题？

(16)你所设计的减速器，在结构方面有哪些需要改进的？怎样改进？

答辩前，学生必须完成全部设计工作，认真整理和检查全部图纸和说明书，进行系统、全面的回顾和总结，要搞清设计中使用的每一个数据、公式，弄懂图纸上的结构设计问题，明确每一线条的画图依据以及技术要求等，并将不懂或尚未搞懂、弄透的问题进行总结，以便取得更大的收获。也可以以书面形式将设计心得体会写在设计说明书的最后一页，以便教师查阅。

最后将图纸叠好，说明书装订好，放在档案袋内，准备答辩。

附　录

附录 1　一般标准

附表 1.1　技术制图图纸幅面(摘自 GB/T 14689—2008)

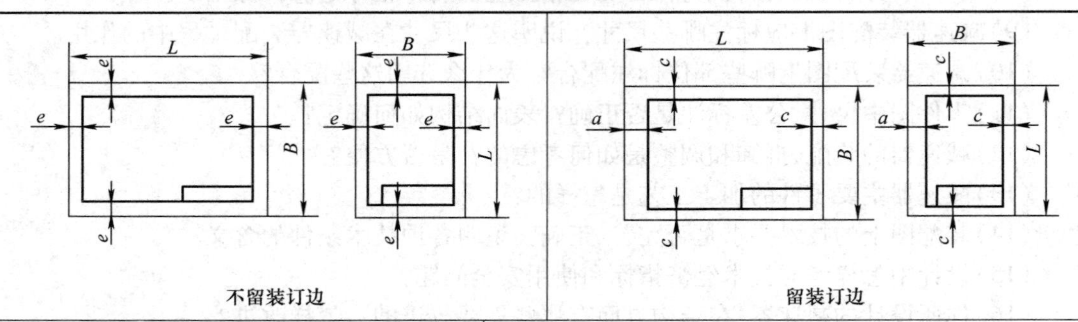

基本幅面(第一选择)						
幅面代号		A0	A1	A2	A3	A4
宽度×长度 ($B \times L$)		841 × 1 189	594 × 841	420 × 594	297 × 420	210 × 297
留装订边	装订边 a	25				
	其他周边宽 c	10			5	
不留装订边	周边宽 e	20			10	

加长幅面					
第二选择		第三选择			
幅面代号	尺寸 $B \times L$	幅面代号	尺寸 $B \times L$	幅面代号	尺寸 $B \times L$
		A0 ×2	1 189 ×1 682	A3 ×5	420 ×1 486
A3 ×3	420 ×891	A0 ×3	1 689 ×2 523	A3 ×6	420 ×1 783
A3 ×4	420 ×1 189	A1 ×3	841 ×1 783	A3 ×7	420 ×2 080
A4 ×3	297 ×630	A1 ×4	841 ×2 378	A4 ×6	297 ×1 261
A4 ×4	297 ×841	A2 ×3	594 ×1 261	A4 ×7	297 ×1 471
A4 ×5	297 ×1 051	A2 ×4	594 ×1 682	A4 ×8	297 ×1 682
		A2 ×5	594 ×2 102	A4 ×9	297 ×1 892

注:(1)加长幅面是由基本幅面的短边成整数倍增加后得出。

(2)加长幅面的图框尺寸,按所选用的基本幅面大一号的图框尺寸确定。例如 A2 ×3 的图框尺寸,按 A1 的图框尺寸确定,即 e 为 20(或 c 为 10)。

附表 1.2　技术制图比例(摘自 GB/T 14690—2008)

与实物相同	缩小的比例		放大的比例	
	标准选用	必要时允许选用	标准选用	必要时允许选用
1:1	1:2　$1:2 \times 10^n$	1:1.5　$1:1.5 \times 10^n$	5:1　$5 \times 10^n:1$	4:1　$4 \times 10^n:1$
	1:5　$1:5 \times 10^n$	1:2.5　$1:2.5 \times 10^n$	2:1　$2 \times 10^n:1$	2.5:1　$2.5 \times 10^n:1$
	$1:1 \times 10^n$	1:3　$1:3 \times 10^n$	$1 \times 10^n:1$	
		1:4　$1:4 \times 10^n$		
		1:6　$1:6 \times 10^n$		

注:n 为整数。

附表 1.3　标准尺寸（直径、长度、高度等）（摘自 GB/T 2822—2005）　　mm

R			R′			R			R′			R			R′		
R10	R20	R40	R′10	R′20	R′40	R10	R20	R40	R′10	R′20	R′40	R10	R20	R40	R′10	R′20	R′40
2.50	250		2.5	2.5		40.0	40.0	40.0	40	40	40		280	280		280	280
	2.80			2.8				42.5			42			300			300
3.15	3.15		3.0	3.0			45.0	45.0		45	45	315	315	315	320	320	320
	3.55			3.5				47.5			48			335			340
4.00	4.00		4.0	4.0		50.0	50.0	50.0	50	50	50		355	355		360	360
	4.50			4.5				53.0			53			375			380
5.00	5.00		5.0	5.0			56.0	56.0		56	56	400	400	400	400	400	400
	5.60			5.5				60.0			60			425			420
6.30	6.30		6.0	6.0		63.0	63.0	63.0	63	63	63		450	450		450	450
	7.10			7.0				67.0			67			475			480
8.00	8.00		8.0	8.0			71.0	71.0		71	71	500	500	500	500	500	500
	9.00			9.0				75.0			75			530			530
10.0	10.0		10.0	10.0		80.0	80.0	80.0	80	80	80		560	560		560	560
	11.2			11				85.0			85			600			600
12.5	12.5	12.5	12	12	12		90.0	90.0		90	90	630	630	630	630	630	630
		13.2			13			95.0			95			670			670
	14.0	14.0		14	14	100	100	100	100	100	100		710	710		710	710
		15.0			15			106			105			750			750
16.0	16.0	16.0	16	16	16		112	112		110	110	800	800	800	800	800	800
		17.0			17			118			120			850			850
	18.0	18.0		18	18	125	125	125	125	125	125		900	900		900	900
														950			950
		19.0			19			132			130	1 000	1 000	1 000	1 000	1 000	1 000
20.0	20.0	20.0	20	20	20		140	140		140	140			1 060			
		21.2			21			150			150		1 120	1 120			
	22.4	22.4		22	22	160	160	160	160	160	160			1 180			
		23.6			24			170			170	1 250	1 250	1 250			
25.0	25.0	25.0	25	25	25		180	180		180	180			1 320			
		26.5			26			190			190		1 400	1 400			
	28.0	28.0		28	28	200	200	200	200	200	200			1 500			
		30.0			30			212			210	1 600	1 600	1 600			
31.5	31.5	31.5	32	32	32		224	224		220	220			1 700			
		33.5			34			236			240		1 800	1 800			
	35.5	35.5		36	36	250	250	250	250	250	250			1 900			
		37.5			38			265			260						

注：（1）选择序列及单个尺寸时，应首先在优先数系 R 系列中选用标准尺寸。选用顺序为 R10、R20、R40。如果必须将数值圆整，可在相应的 R 系列中选用标准尺寸，选用顺序为 R′10、R′20、R′40。

（2）本标准适用于机械制造业中有互换性或系列化要求的主要尺寸，其他结构尺寸也要尽可能采用。对于由主要尺寸导出的因变量尺寸、工艺上工序间的尺寸和已有专用标准规定的尺寸，不受本标准限制。

附表 1.4　零件倒圆与倒角的推荐值(摘自 GB/T 6403.4—2008)　　mm

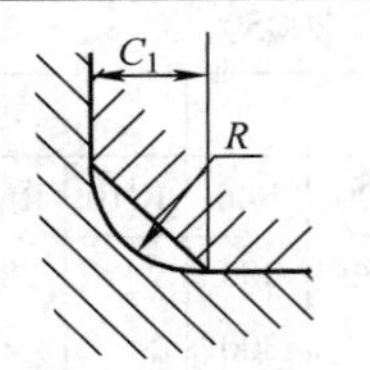

内角倒圆R
外角倒角C_1
$C_1 > R$

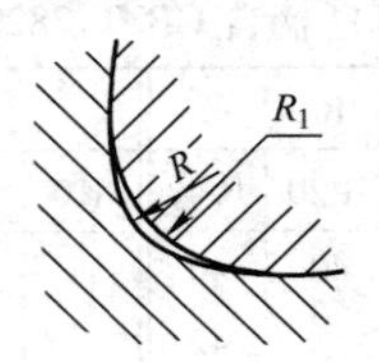

内角倒圆R
外角倒圆R_1
$R_1 > R$

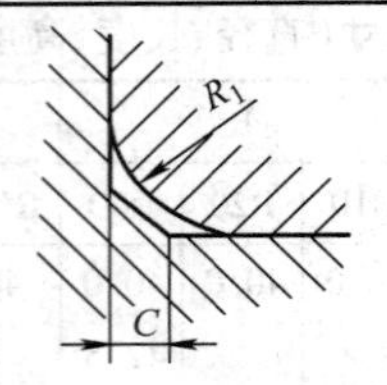

内角倒角C
外角倒圆R_1
$C < 0.58R_1$

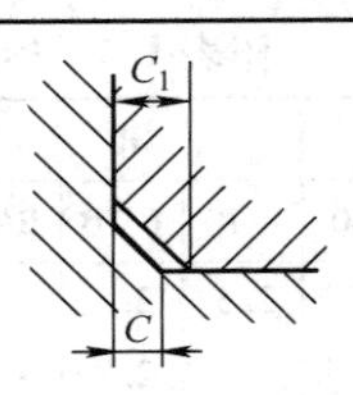

内角倒角C
外角倒角C_1
$C_1 > C$

与直径相应的倒角、倒圆推荐值

ϕ	~3	>3~6	>6~10	>10~18	>18~30	>30~50	>50~80	>80~120	>120~180	>180~250	>250~320
C 或 R	0.2	0.4	0.6	0.8	1.0	1.6	2.0	2.5	3.0	4.0	5.0

倒圆与倒角的尺寸系列

R:0.1　0.2　0.3　0.4　0.5　0.6　0.8　1.0　1.2　1.6　2.0　2.5　3.0

C:4.0　5.0　6.0　8.0　10　12

圆形零件自由表面过渡圆角

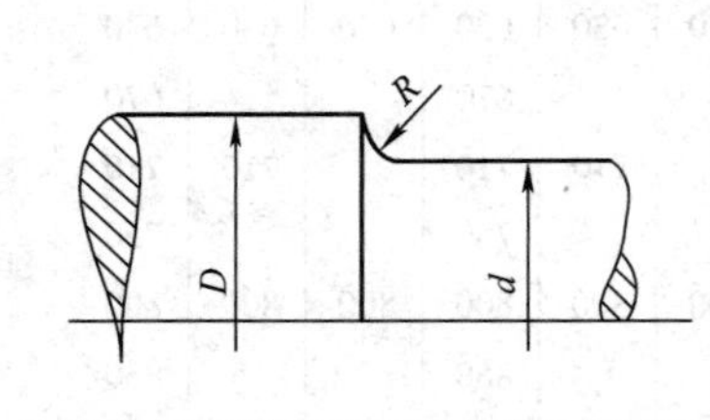

$D-d$	2	5	8	10	15	20	25	30
R	1	2	3	4	5	8	10	12
$D-d$	35	40	50	55	65	70	90	100
R	12	16	16	20	20	25	25	30

注:尺寸 $D-d$ 是表中数值的中间数值时,则按较小尺寸来选取 R,例 $D-d=68$,则按 65 选 $R=20$

附表 1.5　回转面及端面砂轮越程槽(摘自 GB/T 6403.5—2008)　　mm

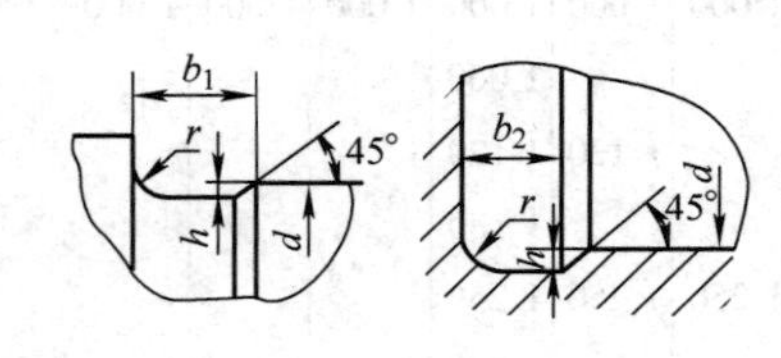

磨外圆　　磨内圆

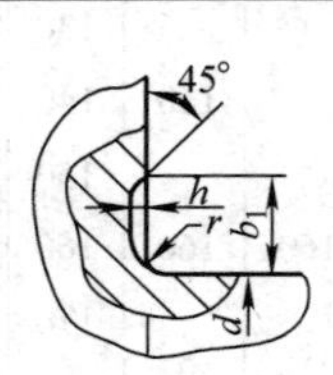

磨外端面

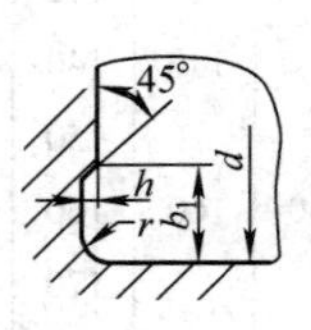

磨内端面

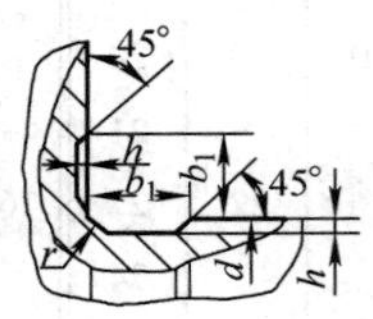

磨外圆及端面

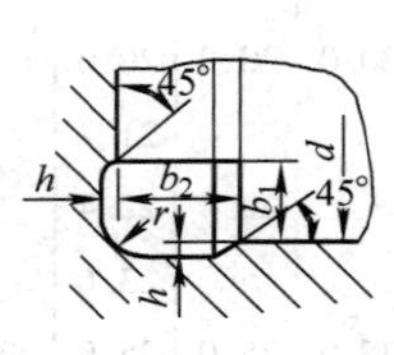

磨内圆及端面

b_1	0.6	1.0	1.6	2.0	3.0	4.0	5.0	8.0	10
b_2	2	3.0		4.0		5.0		8.0	10
h	0.1	0.2		0.3	0.4		0.6	0.8	1.2
r	0.2	0.5		0.8	1.0		1.6	2.0	3.0
d	~10			10~50		50~100		>100	

注:1)越程槽内两直线相交不允许产生尖角。

2)越程槽深度 h 与圆弧半径 r 要满足 $r<3h$。

附录 2　常用材料及力学性能

附表 2.1　钢的常用热处理方法

名　称	说　明	应　用
退火（焖火）	退火是将钢件（或钢坯）加热到适当温度，保温一段时间，然后再缓慢地冷却下来（一般用炉冷）	用来消除铸、锻、焊零件的应力，降低硬度，以易于切削加工，细化金属晶粒，改善组织，增加韧度
正火（正常化）	正火是将钢件加热到相变点以上 30 ~ 50 ℃，保温一段时间，然后在空气中冷却，冷却速度比退火快	用来处理低碳和中碳结构钢材及渗碳零件，使其组织细化，增加强度及韧度，减小应力，改善切削性能
淬火	淬火是将钢件加热到相变点以上某一温度，保温一段时间，然后放入水、盐水或油中（个别材料在空气中）急剧冷却，使其得到高硬度	用来提高钢的硬度和强度极限，但淬火时会引起内应力使钢变脆，所以淬火后必须回火
回火	回火是将淬硬的钢件加热到相变点以下的某一温度，保温一段时间，然后在空气或油中冷却下来	用来消除淬火后的脆性和内应力，提高钢的塑性和冲击韧度
调质	淬火后高温回火	用来使钢获得高的韧度和足够的强度，很多重要零件是经过调质处理的
表面淬火	仅对零件表层进行淬火，使零件表层有高的硬度和耐磨性，而心部保持原有的强度和韧度	常用来处理轮齿的表面
时效	将钢加热≤120 ~ 130 ℃，长时间保温后，随炉或取出在空气中冷却	用来消除或减小淬火后的微观应力，防止变形和开裂，稳定工件形状及尺寸以及消除机械加工的残余应力
渗碳	使表面增碳，渗碳层深度 0.4 ~ 0.6 mm 或 >6 mm，硬度为 56 ~ 65 HRC	增加钢件的耐磨性能、表面硬度、抗拉强度及疲劳极限，适用于低碳、中碳（w_C≤0.4%）结构钢的中小型零件和大型的重负荷、受冲击、耐磨的零件
碳氮共渗	使表面增加碳与氮，扩散层深度较浅，为 0.02 ~ 3.0 mm；硬度高，在共渗层为 0.02 ~ 0.04 mm 时具有 66 ~ 70 HRC	增加结构钢、工具钢制件的耐磨性能、表面硬度和疲劳极限，提高刀具切削性能和使用寿命；适用于要求硬度高、耐磨的中、小型及薄片的零件和刀具等
渗氮	表面增氮，氮化层为 0.025 ~ 0.8 mm，而渗氮时间需 40 ~ 50 h，硬度很高（1 200 HV），耐磨、抗蚀性能高	增加钢件的耐磨性能、表面硬度、疲劳极限、耐蚀能力，适用于结构钢和铸铁件，如气缸套、气门座、机床主轴、丝杠等耐磨零件以及在潮湿碱水和燃烧气体介质的环境中工作的零件，如水泵轴、排气阀等零件

附表 2.2　一般工程用铸造钢(GB/T 11352—2008)

牌号	抗拉强度 σ_b	屈服强度 σ_s 或 $\sigma_{0.2}$	伸长率 δ	根据合同选择 收缩率 ψ	根据合同选择 冲击功 A_{Kv}	硬度 正火回火 HBW	硬度 表面淬火 HRC	应用举例
	MPa		%		J			
	最小值							
ZG200-400	400	200	25	40	30			各种形状的机件,如机座、变速箱壳等
ZC230-450	450	230	22	32	25	≥131		铸造平坦的零件,如机座、机盖、箱体、铁砧台,工作温度在450°C以下的管路附件等,焊接性良好
ZG270-500	500	270	18	25	22	≥143	40~45	各种形状的机件,如飞轮、机架、蒸汽锤、桩锤、联轴器、水压机工作缸、横梁等,焊接性尚可
ZG310-570	570	310	15	21	15	≥153	40~50	各种形状的机件,如联轴器、气缸、齿轮、齿轮圈及重负荷机架等
ZG340-640	640	340	10	18	10	169~229	45~55	起重运输机中的齿轮、联轴器及重要的机件等

注:(1)各牌号铸钢的性能,适用于厚度为100 mm以下的铸件,当厚度超过100 mm时,仅表中规定的$\sigma_{0.2}$屈服强度可供设计使用。

(2)表中力学性能的试验环境温度为(20±10)℃。

(3)表中硬度值非GB/T 11352—2009内容,仅供参考。

附表 2.3　灰铸铁件(摘自 GB/T 9439—2010)

牌号	铸件壁厚/mm 大于	铸件壁厚/mm 至	最小抗拉强度 σ_b /(N/mm)	应用举例(非标准内容)
HT100	2.5	10	130	用于小负荷和对耐磨性无特殊要求的零件,如端盖、外罩、手轮、一般机床底座、床身及其复杂零件,滑座、工作台和低压管件
	10	20	100	
	20	30	90	
	30	50	80	
HT150	2.5	10	175	
	10	20	145	
	20	30	130	
	30	50	120	
HT200	2.5	10	220	用于中等负荷和对耐磨性有一定要求的零件,如机床床身、立柱、飞轮、气缸、泵体、轴承座、活塞、齿轮箱、阀体
	10	20	195	
	20	30	170	
	30	50	160	

续表

牌号	铸件壁厚/mm		最小抗拉强度 σ_b /(N/mm)	应用举例(非标准内容)
	大于	至		
HT250	4 10 20 30	10 20 30 50	270 240 220 200	用于中等负荷和对耐磨性有一定要求的零件,如阀壳、油缸、气缸、联轴器、机体、齿轮、齿轮箱外壳、飞轮、衬套、凸轮、轴承座、活塞等
HT300	10 20 30	20 30 50	290 250 230	用于受力大的齿轮、床身导轨、车床卡盘、剪床、压力机的床身,凸轮、高压油缸、液压泵和滑阀壳体、冲模模体
HT350	10 20 30	20 30 50	340 290 260	

注:灰铸铁的硬度由经验关系式计算,当 $\sigma_b \geqslant 196$ MPa 时,HBS = RH(100 + 0.438σ_b);当 $\sigma_b < 196$ MPa 时,HBS = RH(44 + 0.724σ_b),RH 一般取 0.80 ~ 1.20。

附表 2.4 球墨铸铁(摘自 GB/T 1348—2009)

牌号	抗拉强度 σ_b/(N/mm)	屈服强度 $\sigma_{0.2}$/(N/mm)	延伸率 δ/%	供参考 布氏硬度 HBS	用途
	最小值				
QT400 - 18	400	250	15	130 ~ 180	减速器箱体、管路、阀体、阀盖、压缩机气缸、拨叉、离合器壳等
QT400 - 15	400	250	15	130 ~ 180	
QT450 - 10	450	310	10	160 ~ 210	油泵齿轮、阀门体、车辆轴瓦、凸轮、犁铧、减速器箱体、轴承座等
QT500 - 7	500	320	7	170 ~ 230	
QT600 - 3	600	370	3	190 ~ 270	曲轴、凸轮轴、齿轮轴、机床主轴、缸体、缸套、连杆、矿车轮、农机零件等
QT700 - 2	700	420	2	225 ~ 305	
QT800 - 2	800	480	2	245 ~ 335	
QT900 - 2	900	600	1	280 ~ 360	曲轴、凸轮轴、连杆、履带式拖拉机链轨等

注:表中牌号是由单铸试块测定的性能。

附表 2.5　碳素结构钢（摘自 GB/T 700—2006）

牌号	等级	屈服点 R_{eh}/（N/mm²）						抗拉强度 R_m/(N/mm²)	伸长率 A/%					冲击试验（V 形缺口）		应用举例（非标准内容）
		钢材厚度（直径）/mm							钢材厚度（直径）/mm					温度/℃	冲击吸收功（纵向）/J 不小于	
		≤16	>16~40	>40~60	>60~100	>10~150	>150		≤40	>40~60	>60~100	>10~150	>150			
		不小于							不小于							
Q195	—	(195)	(185)	—	—	—	—	315~430	33	—	—	—	—	—	—	塑性好，常用其轧制薄板、拉制线材、制钉和焊接钢管
Q215	A	215	205	195	185	175	165	335~450	31	30	29	27	26	—	—	金属结构件、拉杆、套圈、铆钉、螺栓、短轴、心轴、凸轮（载荷不大的）、垫圈、渗碳零件及焊接件
	B													20	27	
Q235	A	235	225	215	215	95	185	375~500	26	25	24	22	21	—	—	金属结构件，心部强度要求不高的渗碳或碳氮共渗零件、吊钩、拉杆、套圈、气缸、齿轮、螺栓、螺母、连杆、轮轴、楔、盖及焊接件
	B													20	27	
	C													0		
	D													-20		
Q275	A	275	265	255	245	225	215	410~540	22	21	20	18	17	—	—	轴、轴销、刹车杆、螺母、螺栓、垫圈、连杆、齿轮以及其他强度较高的零件，焊接性尚可
	B													20		
	C													0	27	
	D													-20		

注：（1）新旧牌号对照 Q215－A_2；Q235－A_3；Q275－A_5。

（2）新旧标准符号对照 $R_{eh}-\sigma_s$；$R_m-\sigma_b$；$A-\delta$。

附表 2.6　优质碳素结构钢(摘自 GB/T 699—2008)

钢号	试样毛坯尺寸/mm	推荐热处理			力学性能					钢材交货状态硬度 HB		应用举例(非标准内容)
		正火/℃	淬火/℃	回火/℃	抗拉强度 σ_b/MPa	屈服强度 σ_s/MPa	伸长率 δ/%	收缩率 ψ/%	冲击功 A_{ku}/J	不大于		
					不小于					未热处理	退火钢	
08F	25	930			295	175	35	60		131		轧制薄板、制管、冲压制品,垫片、垫圈及心部强度要求不高的渗碳和碳氮共渗零件;套筒、短轴、挡块、支架、靠模、离合器盘
10	25	930			335	205	31	55		137		用作拉杆、卡头,垫圈、铆钉,因无回火脆性、焊接性好,用作焊接零件
15	25	920			375	255	27	55		143		用于受力不大、韧性要求较高的零件、渗碳零件及紧固件,如螺栓、螺钉、法兰盘和化工储器
20	25	910			410	245	25	55		156		渗碳,碳氮共渗后用作重型或中型机械受负荷不太大的轴、螺栓、螺母、开口销、吊钩、垫圈、齿轮、链轮
25	25	900	870	600	450	275	23	50	71	170		用于制造焊接设备和不受高应力的零件,如轴、辊子、垫圈、螺栓、螺钉、螺母、吊环螺钉
35	25	870	850	600	530	315	20	45	55	197		用于制作曲轴、转轴、轴销、杠杆、连杆、螺栓、螺母、垫圈、飞轮,多在正火、调质下使用
40	25	860	840	600	570	335	19	45	47	217	187	热处理后做机床零件,重型、中型机械的曲轴、轴、齿轮、连杆、键、拉杆、活塞等,正火后可做圆盘
45	25	850	840	600	600	355	16	40	39	229	197	用作要求综合力学性能高的各种零件,通常在正火或调质下使用,用于制造轴、齿轮、齿条、链轮、螺栓、螺母、销钉、键、拉杆等
50	25	830	830	600	630	375	14	40	31	241	207	用于要求有一定耐磨性、一定冲击作用的零件,如轮圈、轮缘、轧辊、摩擦盘等
55	25	820	820	600	645	380	13	35		255	217	

续表

钢号	试样毛坯尺寸/mm	推荐热处理			力学性能					钢材交货状态硬度HB		应用举例（非标准内容）
		正火/℃	淬火/℃	回火/℃	抗拉强度σ_b/MPa	屈服强度σ_s/MPa	伸长率δ/%	收缩率ψ/%	冲击功A_{ku}/J	不大于		
					不小于					未热处理	退火钢	
65	25	810	—	—	675	400	12	35		255	229	用于制作弹簧、弹簧垫圈、凸轮、轧辊等
20Mn	25	910	—	—	450	275	24	50		197		用作渗碳件，如凸轮、齿轮、联轴器、铰链、销等
40Mn	25	860	840	600	590	355	17	45	47	229	207	用作轴、曲轴、连杆及高应力下工作的螺栓、螺母
50Mn	15	830	830	600	645	390	13	40	31	255	217	多在淬火回火后使用，做齿轮、齿轮轴、摩擦盘、凸轮
60Mn	25	810	—	—	695	410	11	35		269	229	耐磨性高、用作圆盘、衬板、齿轮、花键轴、弹簧、犁

附录3　公差与配合

3.1　极限与配合

附表3.1　基本尺寸3～150 mm的标准公差数值(摘录GB/T 1800.1—2009)　　μm

基本尺寸/mm	标准公差等级																	
	IT1	IT2	IT3	IT4	IT5	IT6	IT7	IT8	IT9	IT10	IT11	IT12	IT13	IT14	IT15	IT16	IT17	IT18
≤3	0.8	1.2	2	4	6	6	10	14	25	40	60	100	140	250	400	600	1000	1400
>3～6	1	1.5	2.5	5	8	8	12	18	30	48	75	120	180	300	480	750	1200	1800
>6～10	1	1.5	2.5	6	9	9	15	22	36	58	90	150	220	360	580	900	1500	2200
>10～18	1.2	2	3	8	11	11	18	27	43	70	110	180	270	430	700	1100	1800	2700
>18～30	1.5	2.5	4	9	13	13	21	33	52	84	130	210	330	520	840	1300	2100	3300
>30～50	1.5	2.5	4	11	16	16	25	39	62	100	160	250	390	620	1000	1600	2500	3900
>50～80	2	3	5	13	19	19	30	46	74	120	190	300	460	740	1200	1900	3000	4600
>80～120	2.5	4	6	15	22	22	35	54	87	140	220	350	540	870	1400	2200	3500	5400
>120～180	3.5	5	8	18	25	25	40	63	100	160	250	400	630	1000	1600	2500	4000	6300
>180～250	4.5	7	10	20	29	29	46	72	115	185	290	460	720	1150	1850	2900	4600	7200
>250～315	6	8	12	23	32	32	52	81	130	210	320	520	810	1300	2100	3200	5200	8100
>315～400	7	9	13	25	36	36	57	89	140	230	360	570	890	1400	2300	3600	5700	8900
>400～500	8	10	15	27	40	40	63	97	155	250	400	630	970	1550	2500	4000	6300	9700
>500～630	9	11	16	30	44	44	70	110	175	280	440	700	1100	1750	2800	4400	7000	11000
>630～800	10	13	18	35	50	50	80	125	200	320	500	800	1250	2000	3200	5000	8000	12500

注:(1)基本尺寸大于500 mm的IT1至IT5的数值为试行的。

(2)基本尺寸小于或等于1 mm时,无IT14至IT18。

附表 3.2 轴的各种基本偏差的应用

配合种类	基本偏差	配合特性及应用
间隙配合	a、b	可得到特别大的间隙,很少应用
	c	可得到很大的间隙,一般适用于缓慢、松弛的动配合。用于工作条件较差(如农业机械)、受力变形,或是为了便于装配,而必须保证有较大的间隙时。推荐配合为H11/c11,其较高级的配合,如H8/c7适用于轴在高温工作的紧密间隙配合,例如内燃机排气阀和导管
	d	一般用于IT7~IT11级,适用于松的转动配合,如密封盖、滑轮、空转带轮等与轴的配合,也适用于大直径滑动轴承配合,如透平机、球磨机、轧辊成型和重型弯曲机及其他重型机械中的一些滑动支承
	e	多用于IT7~IT9级,通常适用于要求有明显间隙,易于转动的支承配合,如大跨距、多支点支承等。高等级的e轴适用于大型、高速、重载支承配合,如涡轮发电机、大型电动机、内燃机、凸轮轴及摇臂支承等
	f	多用于IT6~IT8级的一般转动配合。当温度影响不大时,被广泛用于普通润滑油(或润滑脂)润滑的支承,如齿轮箱、小电动机、泵等的转轴与滑动支承的配合
	g	配合间隙很小,制造成本高,除很轻负荷的精密装置外,不推荐用于转动配合。多用于IT5~IT7级,最适合不回转的精密滑动配合,也用于插销等定位配合,如精密连杆轴承、活塞、滑阀及连杆销等
	h	多用于IT4~IT11级。广泛用于无相对转动的零件,作为一般的定位配合。若没有温度、变形影响,也用于精密滑动配合
过渡配合	js	为完全对称偏差(±IT/2),平均为稍有间隙的配合,多用于IT4~IT7级,要求间隙比h轴小,并允许略有过盈的定位配合,如联轴器可用手或木锤装配
	k	平均为没有间隙的配合,IT4~IT7级。推荐用于稍有过盈的定位配合,例如为了消除振动用的定位配合,一般用木锤装配
	m	平均为具有小过盈的过渡配合,适用IT4~IT7级,一般用木锤装配,但在最大过盈时,要求相当的压入力
	n	平均过盈比m轴稍大,很少得到间隙,适用IT4~IT7级,用锤或压力机装配,通常推荐用于紧密的组件配合。H6/n5配合为过盈配合
过盈配合	p	与H6孔或H7孔配合时是过盈配合,与H8孔配合时则为过渡配合。对非铁类零件,为较轻的压入配合,易于拆卸。对钢、铸铁或铜、钢组件装配是标准压入配合
	r	对铁类零件为中等打入配合;对非铁类零件,为轻打入的配合,可拆卸。与H8孔配合,直径在100 mm以上时为过盈配合,直径小时为过渡配合
	s	用于钢和铁制零件的永久性和半永久性装配,可产生相当大的结合力。当用弹性材料,如轻合金时,配合性质与铁类零件的p轴相当,例如用于套环压装在轴上、阀座与机体等配合。尺寸较大时,为了避免损伤配合表面,需用热胀或冷缩法装配
	t、u、v、x、y、z	过盈量依次增大,一般不推荐采用

附表3.3 公差等级与加工方法的关系

加工方法	公差等级(IT)																	
	01	0	1	2	3	4	5	6	7	8	9	10	11	12	13	14	15	16
研磨	—	—	—	—	—	—	—											
珩						—	—	—	—									
圆磨、平磨							—	—	—	—								
金刚石车、金刚石镗							—	—	—									
拉削							—	—	—	—								
铰孔								—	—	—	—	—						
车、镗									—	—	—	—	—					
铣										—	—	—	—					
刨、插												—	—					
钻孔												—	—	—	—			
滚压、挤压												—	—					
冲压												—	—	—	—	—		
压铸													—	—	—	—		
粉末冶金成型								—	—	—								
粉末冶金烧结									—	—	—	—						
砂型铸造、气割																		—
锻造																	—	

附表3.4 优先配合特性及应用举例

基孔制	基轴制	优先配合特性及应用举例
$\frac{H11}{c11}$	$\frac{C11}{h11}$	间隙非常大,用于很松的、转动很慢的间隙配合,或要求大公差与大间隙的外露组件,或要求装配方便的很松的配合
$\frac{H9}{d9}$	$\frac{D9}{h9}$	间隙很大的自由转动配合,用于精度非主要要求时,或有大的温度变动、高转速或大的轴颈压力时
$\frac{H8}{f7}$	$\frac{F8}{h7}$	间隙不大的转动配合,用于中等转速与中等轴颈压力的精确转动,也用于装配较易的中等定位配合
$\frac{H7}{g6}$	$\frac{G7}{h6}$	间隙很小的滑动配合,用于不希望自由转动,但可自由移动和滑动并精密定位时,也可用于要求明确的定位配合
$\frac{H7}{h6}$ $\frac{H8}{h7}$ $\frac{H9}{h9}$ $\frac{H11}{h11}$	$\frac{H7}{h6}$ $\frac{H8}{h7}$ $\frac{H9}{h9}$ $\frac{H11}{h11}$	均为间隙定位配合,零件可自由装拆,而工作时一般相对静止不动。在最大实体条件下的间隙为零,在最小实体条件下的间隙由公差等级决定
$\frac{H7}{k6}$	$\frac{K7}{h6}$	过渡配合,用于精密定位
$\frac{H7}{n6}$	$\frac{N7}{h6}$	过渡配合,允许有较大过盈的更精密定位

续表

基孔制	基轴制	优先配合特性及应用举例
$\frac{H7^{*}}{p6}$	$\frac{P7}{h6}$	过盈定位配合，即小过盈配合，用于定位精度特别重要时，能以最好的定位精度达到部件的刚性及对中性要求，而对内孔承受压力无特殊要求，不依靠配合的紧固性传递摩擦负荷
$\frac{H7}{s6}$	$\frac{S7}{h6}$	中等压入配合，适用于一般钢件，或用于薄壁件的冷缩配合，用于铸铁件可得到最紧的配合
$\frac{H7}{u6}$	$\frac{U7}{h6}$	压入配合，适用于可以承受大压入力的零件或不宜承受大压入力的冷缩配合

注：* 基本尺寸小于或等于 3 mm 为过渡配合。

附表 3.5　优先配合中轴的极限偏差

μm

基本尺寸/mm		公差带												
		c	d	f	g	h				k	n	p	s	u
大于	至	11	9	7	6	6	7	9	11	6	6	6	6	6
—	3	−60 −120	−20 −45	−6 −16	−2 −8	0 −6	0 −10	0 −25	0 −60	+6 0	+10 +4	+12 +6	+20 +14	+24 +18
3	6	−70 −145	−30 −60	−10 −22	−4 −12	0 −8	0 −12	0 −30	0 −75	+9 +1	+16 +8	+20 +12	+27 +19	+31 +23
6	10	−80 −170	−40 −76	−13 −28	−5 −14	0 −9	0 −15	0 −36	0 −90	+10 +1	+19 +10	+24 +15	+32 +23	+37 +28
10 14	14 18	−95 −205	−50 −93	−16 −34	−6 −17	0 −11	0 −18	0 −43	0 −110	+12 +1	+23 +12	+29 +18	+39 +28	+44 +33
18	24	−110 −240	−65 −117	−20 −41	−7 −20	0 −13	0 −21	0 −52	0 −130	+15 +2	+28 +15	+35 +22	+48 +35	+54 +41
24	30													+61 +48
30	40	−120 −280	−80 −142	−25 −50	−9 −25	0 −16	0 −25	0 −62	0 −160	+18 +2	+33 +17	+42 +26	+59 +43	+76 +60
40	50	−130 −290												+86 +70
50	65	−140 −330	−100 −174	−30 −60	−10 −29	0 −19	0 −30	0 −74	0 −190	+21 +2	+39 +20	+51 +32	+72 +53	+106 +87
65	80	−150 −340											+78 +59	+121 +102
80	100	−170 −390	−120 −207	−36 −71	−12 −34	0 −22	0 −35	0 −87	0 −220	+25 +3	+45 +23	+59 +37	+93 +71	+146 +124
100	120	−180 −400											+101 +79	+166 +144

续表

基本尺寸/mm		公差带												
		c	d	f	g	h				k	n	p	s	u
大于	至	11	9	7	6	6	7	9	11	6	6	6	6	6
120	140	-200 -450											+117 +92	+195 +170
140	160	-210 -460	-145 -245	-43 -83	-14 -39	0 -25	0 -40	0 -100	0 -250	+28 +3	+52 +27	+68 +43	+125 +100	+215 +190
160	180	-230 -480											+133 +108	+235 +210
180	200	-240 -530											+151 +122	+265 +236
200	225	-260 -550	-170 -285	-50 -96	-15 -44	0 -29	0 -46	0 -115	0 -290	+33 +4	+60 +31	+79 +50	+159 +130	+287 +258
225	250	-280 -570											+169 +140	+313 +284
250	280	-300 -620	-190 -320	-56 -108	-17 -49	0 -32	0 -52	0 -130	0 -320	+36 +4	+66 +34	+88 +56	+190 +158	+347 +315
280	315	-330 -650											+202 +170	+382 +350
315	355	-360 -720	-210 -315	-62 -119	-18 -54	0 -36	0 -57	0 -140	0 -360	+40 +4	+73 +37	+98 +62	+226 +190	+426 +390
355	400	-400 -760											+244 +208	+471 +435
400	450	-440 -840	-230 -385	-68 -131	-20 -60	0 -40	0 -63	0 -155	0 -400	+45 +5	+80 +40	+108 +8	+272 +232	+530 +490
450	500	-480 -980											+292 +252	+580 +540

附表3.6 优先配合中孔的极限偏差 μm

基本尺寸/mm		公差带												
		C	D	F	G	H				K	N	P	S	U
大于	至	11	9	8	7	7	8	9	11	7	7	7	7	7
—	3	+120 +60	+45 +20	+20 +6	+12 +2	+10 0	+14 0	+25 0	+16 0	0 -10	-4 -14	-6 -16	-14 -24	-18 -28
3	6	+145 +70	+60 +30	+28 +10	+16 +4	+12 +0	+18 0	+30 0	+75 0	+3 -9	-4 -16	-8 -20	-15 -27	-19 -31
6	10	+170 +80	+76 +40	+35 +13	+20 +5	+15 0	+22 0	+36 0	+90 0	+5 -10	-4 -19	-9 -24	-17 -32	-22 -37

续表

基本尺寸/mm		公差带												
		C	D	F	G	H				K	N	P	S	U
大于	至	11	9	8	7	7	8	9	11	7	7	7	7	7
10	14	+205 +95	+93 +50	+43 +16	+24 +6	+18 0	+27 0	+43 0	+110 0	+6 −12	−5 −23	−11 −29	−21 −39	−26 −44
14	18													
18	24	+240 +110	+117 +65	+53 +20	+28 +7	+21 0	+33 0	+52 0	+130 0	+6 −15	−7 −28	−14 −35	−27 −48	−33 −54
24	30													−40 −61
30	40	+280 +120	+142 +80	+64 +25	+34 +9	+25 0	+39 0	+62 0	+160 0	+7 −18	−8 −33	−17 −42	−34 −59	−51 −76
40	50	+290 +130												−61 −86
50	65	+330 +140	+174 +100	+76 +30	+40 +10	+30 0	+46 0	+74 0	+190 0	+9 −21	−9 −39	−21 −51	−42 −72	−76 −106
65	80	+340 +150											−48 −78	−91 −121
80	100	+390 +170	+207 +120	+90 +36	+47 +12	+35 0	+54 0	+87 0	+220 0	+10 −25	−10 −45	−24 −59	−58 −93	−111 −146
100	120	+400 +180											−66 −101	−131 −166
120	140	+450 +200	+245 +145	+106 +43	+54 +14	+40 0	+63 0	+100 0	+250 0	+12 −28	−12 −52	−28 −68	−77 −117	−155 −195
140	160	+460 +210											−85 −125	−175 −215
160	180	+480 +230											−93 −133	−195 −235
180	200	+530 +240	+285 +170	+122 +50	+61 +15	+46 0	+72 0	+115 0	+290 0	+13 −33	−14 −60	−33 −79	−105 −151	−219 −265
200	225	+550 +260											−113 −159	−241 −287
225	250	+570 +280											−123 −169	−267 −313
250	280	+620 +300	+320 +190	+137 +56	+69 +17	+52 0	+81 0	+130 0	+320 0	+16 −36	−14 −66	−36 −88	−138 −190	−295 −347
280	315	+650 +330											−150 −202	−330 −382
315	355	+720 +360	+350 +210	+151 +62	+75 +18	+57 0	+89 0	+140 0	+360 0	+17 −40	−16 −73	−41 −98	−169 −226	−369 −426
355	400	+760 +400											−187 −244	−414 −471
400	450	+840 +440	+385 +230	+165 +68	+83 +20	+63 0	+97 0	+155 0	+400 0	+18 −45	−17 −80	−45 −108	−209 −272	−467 −530
450	500	+880 +480											−229 −292	−517 −580

附表 3.7　线性尺寸的未注公差(GB/T 1804—1992)

公差等级	线性尺寸的极限偏差数值								倒圆半径与倒角高度尺寸的极限偏差数值			
	尺寸分段								尺寸分段			
	0.5~3	>3~6	>6~30	>30~120	>120~400	>400~1000	>1000~2000	>2000~4000	0.5~3	>3~6	>6~30	>30
f(精密级)	±0.05	±0.05	±0.1	±0.15	±0.2	±0.3	±0.5	—	±0.2	±0.5	±1	±2
m(中等级)	±0.1	±0.1	±0.2	±0.3	±0.5	±0.8	±1.2	±2				
f(粗糙级)	±0.2	±0.3	±0.5	±0.8	±1.2	±2	±3	±4	±0.4	±1	±2	±4
v(最粗级)	—	±0.5	±1	±1.5	±2.5	±4	±6	±8				

3.2　形状和位置公差

附表 3.8　形状和位置公差特征项目的符号及其标注(GB/T 1182—2008)

类别	项目	符号	类别		项目	符号	类别	项目	符号
形状公差	直线度	—	位置公差	定向	平行度	//	其他有关符号	最大实体要求	Ⓜ
	平面度	⏥			垂直度	⊥		延伸公差带	Ⓟ
	圆度	○			倾斜度	∠		包容要求(单一要素)	Ⓔ
	圆柱度	⌭		定位	同轴度	◎		理论正确尺寸	50 (框)
形状或位置公差	线轮廓度	⌒			对称度	⌯		基准目标的标注	$\frac{\phi 2}{A1}$
	面轮廓度	⌓			位置度	⌖			
				跳动	圆跳动	↗			
					全跳动	⌰			

附表 3.9　形状和位置公差的数值直线度、平面度公差(GB/T 1184—1996)

主参数 L 图例

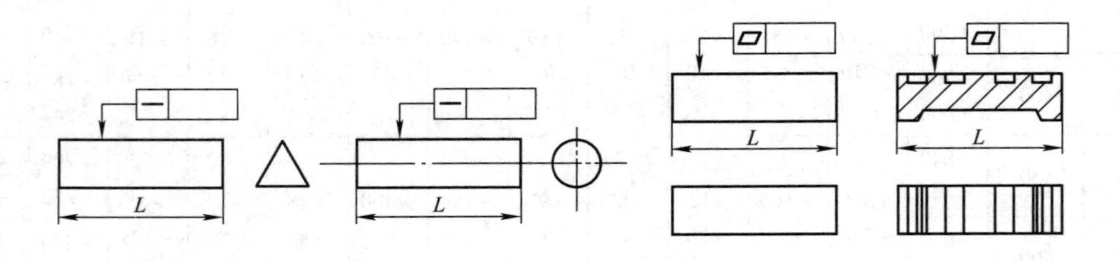

续表

精度等级	主参数 L/mm													应用举例
	≤10	>10 ~16	>16 ~25	>25 ~40	>40 ~63	>63 ~100	>100 ~160	>160 ~250	>250 ~400	>400 ~630	>630 ~1000	>1000 ~1600	>1600 ~2500	
5	2	2.5	3	4	5	6	8	10	12	15	20	25	30	普通精度机床导轨，柴油机进、排气门导杆
6	3	4	5	6	8	10	12	15	20	25	30	40	50	
7	5	6	8	10	12	15	20	25	30	40	50	60	80	轴承体的支承面，压力机导轨及滑块，减速器箱体、油泵、轴系及支承轴承接合面
8	8	10	12	15	20	25	30	40	50	60	80	100	120	
9	12	15	20	25	30	40	50	60	80	100	120	150	200	辅助机构及手动机械的支承面，液压管件和法兰的连接面
10	20	25	30	40	50	60	80	100	120	150	200	250	300	
11	30	40	50	60	80	100	120	150	200	250	300	400	500	离合器的摩擦片，汽车发动机缸盖接合面
12	60	80	100	120	150	200	250	300	400	500	600	800	1000	

标注示例	说明	标注示例	说明
0.02	圆柱表面上任一素线必须位于轴向平面内，距离为公差值 0.02 mm 的两平行平面之间	ϕ0.04, ϕd	ϕd 圆柱体的轴线必须位于直径为公差值 0.04 mm 的圆柱面内
0.02	棱线必须位于箭头所示方向，距离为公差值 0.02 mm 的两平行平面内	0.1	上表面必须位于距离为公差值 0.1 mm 的两平行平面内

注：表中“应用举例”非 GB/T 1184—1996 内容，仅供参考。

附表 3.10 形状和位置公差的数值圆度、圆柱度公差（GB/T 1184—1996） μm

主参数 $d(D)$ 图例

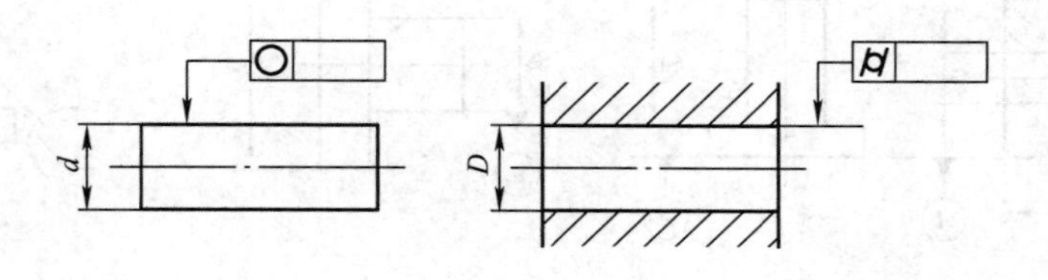

续表

精度等级	主参数 $d(D)$/mm										应用举例
	>10 ~18	>18 ~30	>30 ~50	>50 ~80	>80 ~120	>120 ~180	>180 ~250	>250 ~315	>315 ~400	>400 ~500	
7	5	6	7	8	10	12	14	16	18	20	发动机的胀圈、活塞销及连杆中装衬套的孔等,千斤顶或压力油缸活塞,水泵及减速器轴颈,液压传动系统的分配机构,拖拉机气缸体与气缸套配合面,炼胶机冷铸轧辊
8	8	9	11	13	15	18	20	23	25	27	
9	11	13	16	19	22	25	29	32	36	40	起重机、卷扬机用的滑动轴承,带软密封的低压泵的活塞和气缸
10	18	21	25	30	35	40	46	52	57	63	通用机械杠杆与拉杆、拖拉机的活塞环与套筒孔

标注示例	说明
○ 0.02 ○ 0.02	被测圆柱(或圆锥)面任一正截面的圆周必须位于半径差为公差值0.02 mm的两同心圆之间
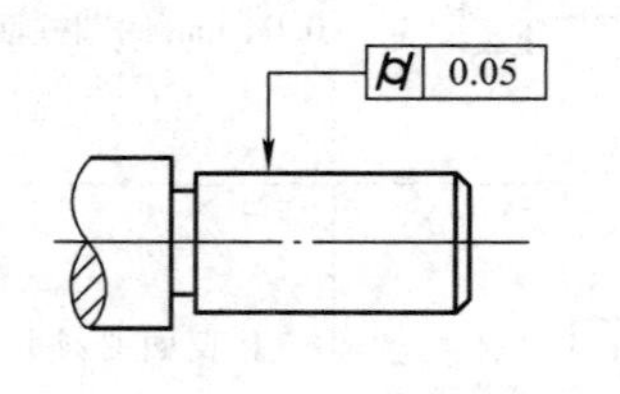 	被测圆柱面必须位于半径差为公差值0.05 mm的两同轴圆柱面之间

注:表中"应用举例"非GB/T 1184—1996内容,仅供参考。

附表3.11 形状和位置公差的数值平行度、垂直度、倾斜度公差(GB/T 1184—1996) μm

主参数 $L,d(D)$ 图例

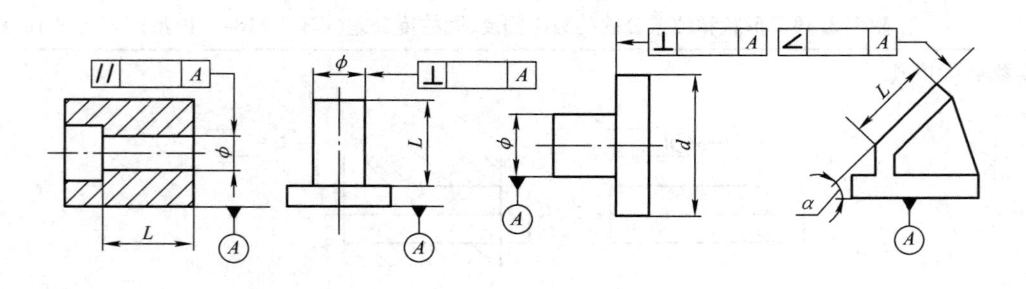

续表

精度等级	主参数 $L, d(D)$/mm													应用举例	
	≤10	>10~16	>16~25	>25~40	>40~63	>63~100	>100~160	>160~250	>250~400	>400~630	>630~1000	>1000~1600	>1600~2500	平行度	垂直度
7	12	15	20	25	30	40	50	60	80	100	120	150	200	一般机床零件的工作面或基准面,压力机和锻锤的工作面,中等精度钻模的工作面,一般刀、量、模具。 机床一般轴承孔对基准面的要求,床头箱一般孔间的要求,气缸轴线,变速器箱孔,主轴花键对定心直径,重型机械轴承盖的端面,卷扬机、手动传动装置中的传动轴	低精度机床主要基准面和工作面、回转工作台端面跳动,一般导轨,主轴箱体孔,刀架、砂轮架及工作台回转中心,机床轴肩、气缸配合面对其轴线,活塞销孔对活塞中心线以及装P6、P0线轴承壳体孔的轴线等
8	20	25	30	40	50	60	80	100	120	150	200	250	300		
9	30	40	50	60	80	100	120	150	200	250	300	400	500	低精度零件,重型机械滚动轴承端盖,柴油机和煤气发动机的曲轴孔、轴颈等	花键轴轴肩端面、带式输送机法兰盘等端面对轴心线,手动卷扬机及传动装置中轴承端面、减速器壳体平面等
10	50	60	80	100	120	150	200	250	300	400	500	600	800		

标注示例	说明	标注示例	说明
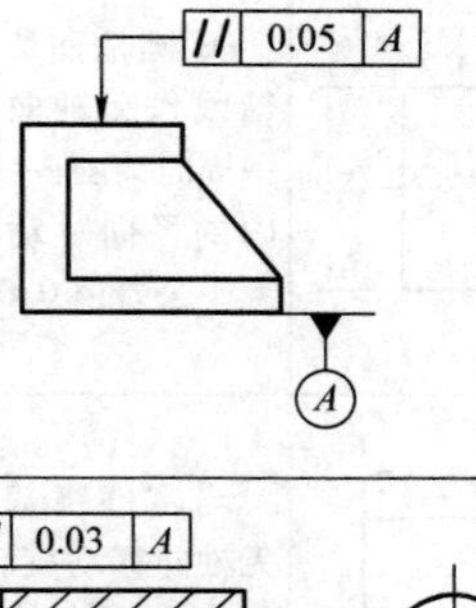 // 0.05 A	上表面必须位于距离为公差值为0.05 mm,且平行于基准表面 A 的两平行平面之间	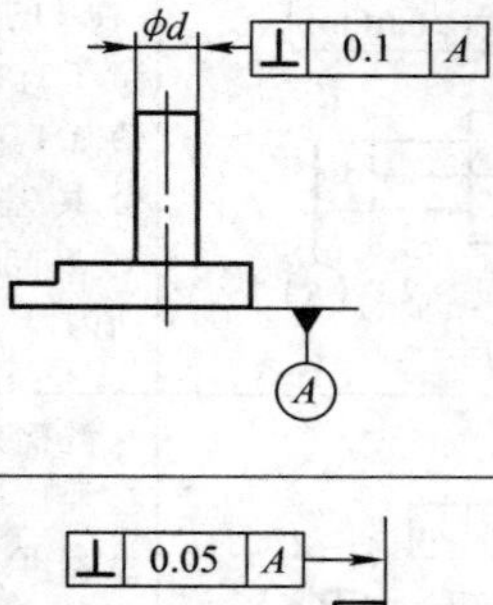 ϕd ⊥ 0.1 A	ϕd 的轴线必须位于距离为公差值0.1 mm,且垂直于基准平面的两平行平面之间(若框内数字标注为 ϕ0.1 mm,则说明 ϕd 的轴线必须位于直径为公差值0.1 mm,且垂直于基准平面 A 的圆柱面内)
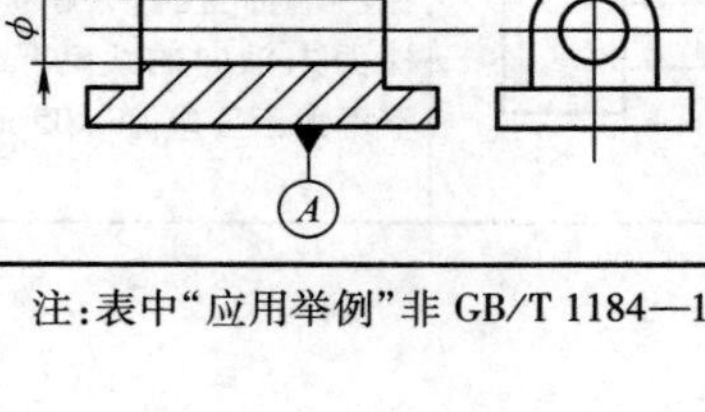 // 0.03 A	孔的轴线必须位于距离为公差值0.03 mm,且平行于基准表面 A 的两平行平面之间	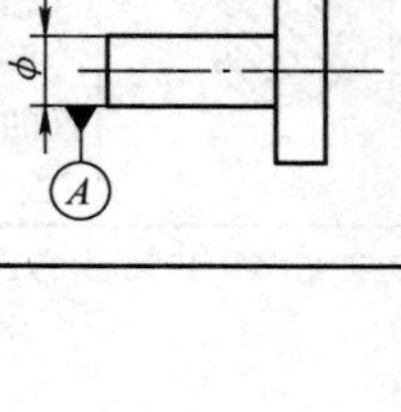 ⊥ 0.05 A	左侧端面必须位于距离为公差值0.05 mm,且垂直于基准轴线的两平行平面之间

注:表中"应用举例"非GB/T 1184—1996内容,仅供参考。

附表 3.12 形状和位置公差的数值同轴度、对称度、圆跳动和全跳动公差(GB/T 1184—1996)

μm

主参数 $d(D)$、L、B 图例

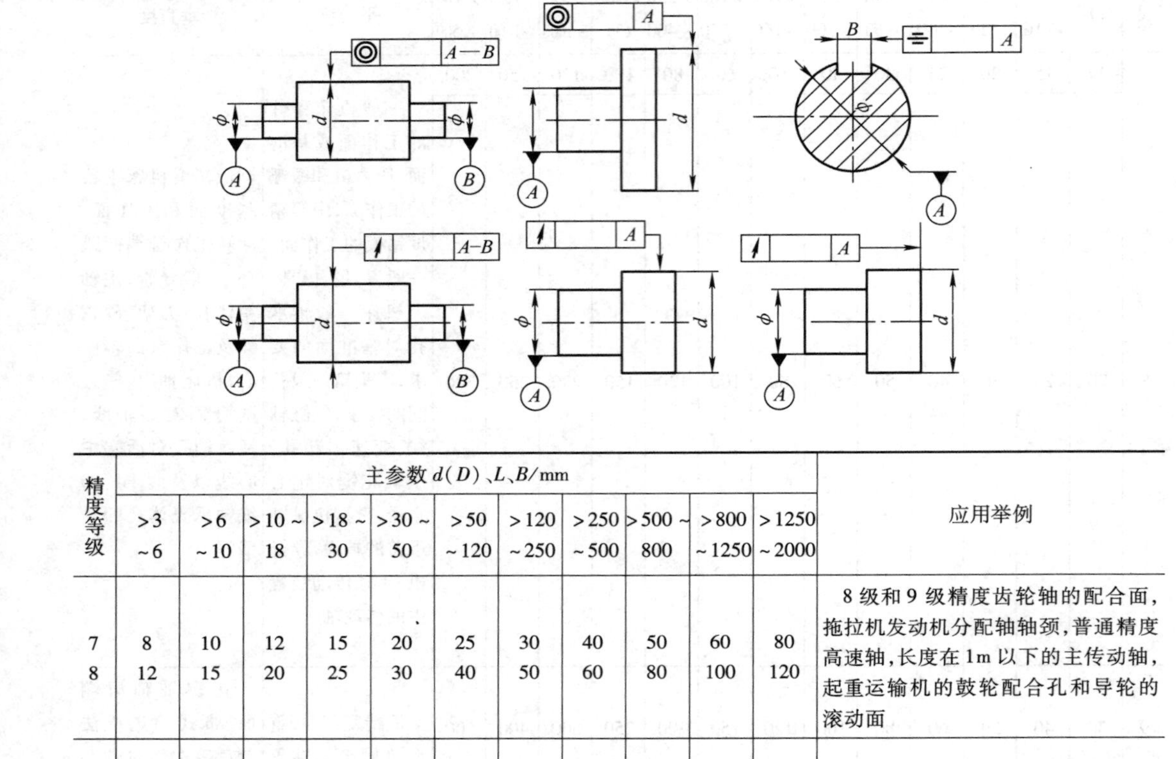

精度等级	主参数 $d(D)$、L、B/mm											应用举例
	>3~6	>6~10	>10~18	>18~30	>30~50	>50~120	>120~250	>250~500	>500~800	>800~1250	>1250~2000	
7 8	8 12	10 15	12 20	15 25	20 30	25 40	30 50	40 60	50 80	60 100	80 120	8级和9级精度齿轮轴的配合面,拖拉机发动机分配轴轴颈,普通精度高速轴,长度在1m以下的主传动轴,起重运输机的鼓轮配合孔和导轮的滚动面
9 10	25 50	30 60	40 80	50 100	60 120	80 150	100 200	120 250	150 300	200 400	250 500	10级和11级精度齿轮轴的配合面,发动机气缸套配合面,水泵叶轮,离心泵泵件,摩托车活塞,自行车中轴

标注示例	说明	标注示例	说明
ϕ0.01 A; ϕd; A; B	ϕd 的轴线必须位于直径为公差值0.1 mm,且与公共基准轴线 $A-B$ 同轴的圆柱面内	0.05 A; ϕd; A	ϕd 圆柱面绕公共基准轴线作无轴向移动旋转一周时,在任一测量平面内的径向跳动量均不得大于公差值0.05 mm
0.1 A; A—A; A	键槽的中心面必须位于距离为公差值0.1 mm且相对于基准中心平面 A 对称配置的两平行平面之间	0.05 A; A	当零件绕基准轴线作无轴向移动旋转一周时,在右端面上任一测量圆柱面内轴向的跳动量均不得大于公差值0.05 mm

注:表中"应用举例"非GB/T 1184—1996内容,仅供参考。

附录 4 表面结构

附表 4.1 表面结构主要评定参数 *Ra* 的数值系列(摘自 GB/T 3505—2000) μm

Ra	0.012	0.2	3.2	50	*Ra*	0.05	0.8	12.5	—
	0.025	0.4	6.3	100		0.1	1.6	25	—

附表 4.2 表面粗糙度的加工方法 μm

表面结构	毛 面	*Ra*=25	*Ra*=12.5	*Ra*=6.3	*Ra*=3.2	*Ra*=1.6	*Ra*=0.8	*Ra*=0.4	*Ra*=0.2
表面形状	除净毛刺	微见刀痕	可见加工痕迹	微见加工痕迹	看不见加工痕迹	可辨加工痕迹方向	微辨加工痕迹方向	不可辨加工痕迹方向	暗光泽面
加工方法	铸,锻,冲压,热轧,冷轧,粉末冶金	粗车,刨,立铣,平铣,钻	车,镗,刨,钻,平铣,立铣,锉,粗铰,磨,铣齿	车,镗,刨铣,刮1~2点/cm², 拉,磨,锉,滚压,铣齿	车,镗,刨,铣,铰,拉磨,滚压,铣齿,刮1~2点/cm²	车,镗,拉,磨,立铣,铰滚压,刮3~10点/cm²	铰,磨,镗,拉,滚压,刮3~10点/cm²	布轮磨,磨,研磨,超精加工	超精加工

附表 4.3 典型零件表面结构选择

表面特性	部 位	表面结构 *Ra* 数值不大于/μm		
键与键槽	工作表面	6.3		
	非工作表面	12.5		
齿轮		齿轮的精度等级		
		7	8	9
	齿面	0.8	1.6	3.2
	外圆	1.6~3.2		3.2~6.3
	端面	0.8~3.2		3.2~6.3
滚动轴承配合面	轴式座孔直径/mm	轴或外壳配合表面直径公差等级		
		IT5	IT6	IT7
	≤80	0.4~0.8	0.8~1.6	1.6~3.2
	>80~500	0.8~1.6	1.6~3.2	1.6~3.2
	端面	1.6~3.2	3.2~6.3	
传动件、联轴器等轮毂与轴的配合表面	轴	1.6~3.2		
	轮毂			
轴端面、倒角、螺栓孔等非配合表面	12.5~25			
轴密封处的表面	毡圈式	橡胶密封式		油沟及迷宫式
	与轴接触处的圆周速度/(m/s)			
	≤3	>3~5	>5~10	1.6~3.2
	0.8~1.6	0.4~0.8	0.2~0.4	

附录5 螺纹标准

附表5.1 普通螺纹基本牙型及其基本尺寸(摘自GB/T 193—2003、GB/T 196—2003) mm

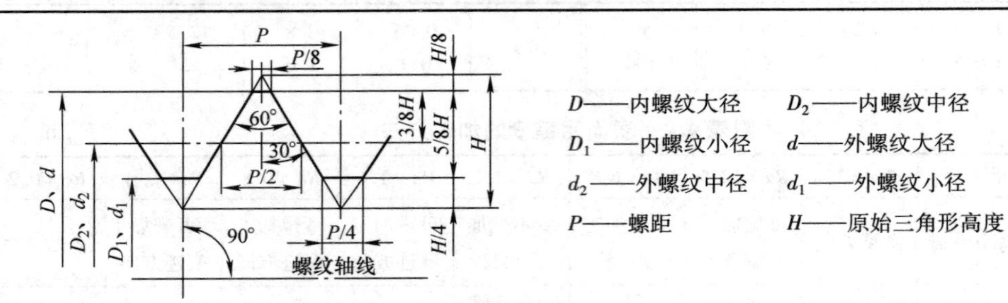

公称直径 D、d			螺距 P	中径 D或d	小径 D或d	公称直径 D、d			螺距 P	中径 D或d	小径 D或d	公称直径 D、d			螺距 P	中径 D或d	小径 D或d
第一系列	第二系列	第三系列				第一系列	第二系列	第三系列				第一系列	第二系列	第三系列			
6			1 * 0.75	5.350 5.513	4.917 5.188	16			2 * 1.5 1	14.701 15.026 15.350	13.835 14.376 14.917			28	2 1.5 1	26.701 27.026 27.350	25.835 26.376 26.917
	7		1 * 0.75	6.350 6.513	5.917 6.188			17	1.5 1	16.026 16.350	15.376 15.917	30			3.5 3 2 1.5 1	27.727 28.051 28.701 29.026 29.350	26.211 26.752 27.835 28.376 28.917
8			1.25 1 0.75	7.188 7.350 7.513	6.647 6.917 7.188		18		2.5 * 2 1.5 1	16.376 16.701 17.026 17.350	15.294 15.836 16.376 16.917			32	2 1.5	31.701 32.026	30.835 31.376
		9	(1.25) 1 0.75	8.188 8.350 8.513	7.647 7.917 8.188	20			2.5 * 2 1.5 1	18.370 18.701 19.026 19.350	17.294 17.835 18.376 18.917		33		3.5 3 2 1.5	30.727 31.051 31.701 32.026	29.211 29.752 30.835 31.376
10			1.5 * 1.25 1 0.75	9.026 9.188 9.350 9.513	8.376 8.647 8.917 9.188		22		2.5 * 2 1.5 1	20.376 20.701 21.026 21.350	19.294 19.835 20.376 20.917			35	1.5	34.026	33.376
		11	(1.5) 1 0.75	10.026 10.350 10.513	9.376 9.917 10.188	24			3 *	22.051 22.701 23.026 23.350	20.752 21.835 22.376 22.917	36			4 3 2 1.5	33.402 34.051 34.701 35.026	31.670 32.752 33.835 34.376
12			1.75 * 1.5 1.25 1	10.863 11.026 11.188 11.350	10.106 10.376 10.674 10.917			25	2 1.5 1	23.701 24.026 24.350	22.835 23.376 23.917			38	1.5	37.026	36.376
	14		2 * 1.5 1.25 1	12.701 13.026 13.188 13.350	11.835 12.376 12.647 12.917			26	1.5	25.026	24.376		39		4 3 2 1.5	36.402 37.051 37.701 38.026	34.670 35.752 36.835 37.376
		15	1.5 1	14.026 14.350	13.376 13.917		27		3 * 2 1.5 1	25.051 25.701 26.026 26.350	23.752 24.835 25.376 25.917			40	3 1.5	38.051 38.701 39.026	36.752 37.835 38.376

注:(1)优先选用第一系列,第三系列尽可能不用。

(2)括号内的尺寸尽可能不用。带“ * ”的螺距为粗牙参数,其余为细牙螺纹。

(3)M14×1.25仅用于火花塞,M35×1.5仅用于滚动轴承锁紧螺母。

(4)对直径150~600 mm的螺纹,需要使用螺距大于6 mm的螺纹,应优先选用8 mm的螺距。

附表 5.2 粗牙螺纹、螺钉拧入深度的螺纹孔尺寸

mm

d	d_o	铜和青铜				铸铁				铝			
		h	H	H_1	H_2	h	H	H_1	H_2	h	H	H_1	H_2
6	5	8	6	8	12	12	10	12	16	22	19	22	28
8	6.7	10	8	10.5	16	15	12	15	20	25	22	26	34
10	8.5	12	10	13	19	18	15	18	24	30	28	34	42
12	10.2	15	12	16	24	22	18	22	30	38	32	38	48
16	14	20	16	20	28	26	22	26	34	50	42	48	58
20	17.4	24	20	25	36	32	28	34	45	60	52	60	70
24	20.9	30	24	30	42	42	35	40	55	75	65	75	90
30	26.4	36	30	38	52	48	42	50	65	90	80	90	105

注：h——内螺纹通孔长度；H——双头螺栓或螺钉拧入深度。

附表 5.3 紧固件通孔及沉孔尺寸（摘自 GB/T 152.2～152.4—2014，GB/T 5277—1985）

mm

螺栓或螺钉直径 d		4	5	6	8	10	12	14	16	18	20	22	24	27	30
通孔直径 d GB/T 5277—1985	精装配	4.3	5.3	6.4	8.4	10.5	13	15	17	19	21	23	25	28	31
	中等装配	4.5	5.5	6.6	9	11	13.5	15.5	17.5	20	22	24	26	30	33
	粗装配	4.8	5.8	7	10	12	14.5	16.5	18.5	21	24	26	28	32	35
六角头螺栓和六角螺母用沉孔 GB/T 152.4—2014	d_2	10	11	13	18	22	26	30	33	36	40	43	48	53	61
	d_3	—	—	—	—	—	16	18	20	22	24	26	28	33	36
	t	制出与孔轴线垂直的平面即可													
沉头用沉孔 GB/T 152.2—2014	d_2	9.6	10.6	12.8	17.6	20.3	24.4	28.4	32.4	—	40.4	—	—	—	—
	$t\approx$	2.7	2.7	3.3	4.6	5	6	7	8	—	20	—	—	—	—
圆柱头用沉孔 GB/T 152.3—2014	d_2	8	10	11	15	18	20	24	26	—	33	—	40	—	48
	d_3	—	—	—	—	—	16	18	20	—	24	—	28	—	36
	t 用于 GB70	4.6	5.7	6.8	9	11	13	15	17.5	—	21.5	—	25.5	—	32
	t 用于 GB65	3.2	4	4.7	6	7	8	9	10.5	—	12.5	—	—	—	—

注：d_1同尺寸通孔直径中的中等装配。

附表 5.4　螺纹收尾、肩距、退刀槽、倒角(摘自 GB/T 3—1997)　mm

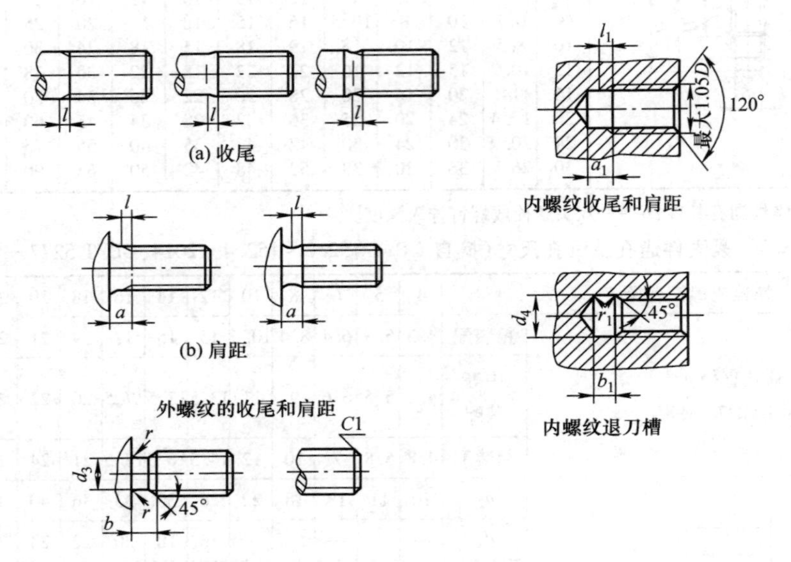

(a) 收尾

(b) 肩距

外螺纹的收尾和肩距

内螺纹收尾和肩距

内螺纹退刀槽

	外螺纹												内螺纹							
	螺距 P	粗牙螺纹大径 d	螺纹收尾 l(不大于) 一般	螺纹收尾 l(不大于) 短的	肩距 a(不大于) 一般	肩距 a(不大于) 长的	肩距 a(不大于) 短的	退刀槽 b 一般	退刀槽 b 窄的	退刀槽 r	退刀槽 d_3	倒角 C	螺纹收尾 l_1(不大于) 一般	螺纹收尾 l_1(不大于) 长的	肩距 a_1 一般	肩距 a_1 长的	退刀槽 b_1 一般	退刀槽 b_1 窄的	退刀槽 r_1	退刀槽 d_4
普通螺纹	1	6;7	2.5	1.25	3	4	2	3	1.5	0.5P	d-1.6	1	2	3	5	8	4	2.5	0.5P	d+0.5
	1.25	8	3.2	1.6	4	5	2.5	3.75			d-2	1.2	2.5	3.3	6	10	5	3		
	1.5	10	3.8	1.9	4.5	6	3	4.5	2.5		d-2.3	1.5	3	4.5	7	12	6	4		
	1.75	12	4.3	2.2	5.3	7	3.5	5.25			d-2.6	2	3.5	5.2	9	14	7			
	2	14;16	5	2.5	6	8	4	6	3.5		d-3		4	6	10	16	8	5		
	2.5	18;20;22	6.3	3.2	7.5	10	5	7.5			d-3.6	2.5	5	7.5	12	18	10	6		
	3	24;27	7.5	3.8	9	12	6	9	4.5		d-4.4		6	9	14	22	12	7		
	3.5	30;33	9	4.5	10.5	14	7	10.5			d-5	3	7	10.5	16	24	14	8		
	4	36;39	10	5	12	16	8	12	5.5		d-5.7		8	12	18	26	16	9		
	4.5	24;45	11	5.5	13.5	18	9	13.5	6		d-6.4	4	9	13.5	21	29	18	10		
	5	48;52	12.5	6.3	15	20	10	15	6.5		d-7		10	15	23	32	20	11		
	5.5	56;60	14	7	16.5	22	11	17.5	7.5		d-7.7	5	11	16.5	25	35	22	12		
	6	64;68	15	7.5	18	24	12	18	8		d-8.3		12	18	28	38	24	14		

附录 6　常用紧固件及连接件

附表 6.1　六角头螺栓非全螺纹 A 和 B 级(GB/T 5782—2016),全螺纹 A 和 B 级(GB/T 5783—2016)

mm

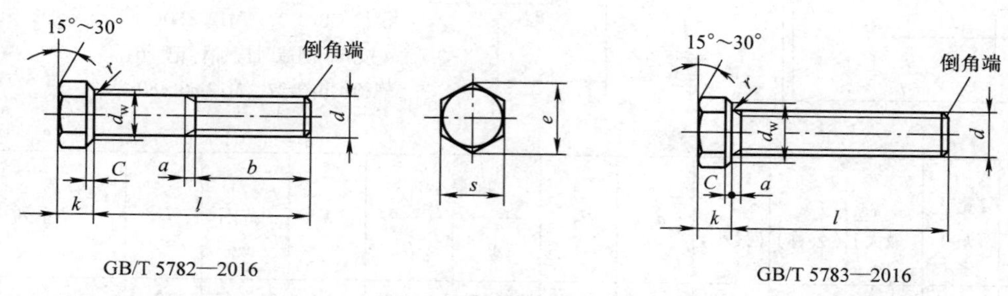

标记示例:螺纹规格 $d=12$ mm、公称长度 $l=80$ mm,性能等级为 8.8 级、表面氧化、A 级六角头螺栓

螺栓　GB/T 5782—2016,12×80

螺纹规格 d			M5	M6	M8	M10	M12	(M14)	M16	(M18)	M20	(M22)	M24	(M27)	M30
k 公称			3.5	4	5.3	6.4	7.5	8.8	10	11.5	12.5	14	15	17	18.7
c_{max}			0.5		0.6				0.8						
s_{max}			8	10	13	16	18	21	24	27	30	34	36	41	46
e_{min}	产品等级	A	8.79	11.05	14.38	17.77	20.03	23.35	26.75	30.14	33.53	37.72	39.89	—	—
		B	8.63	10.89	14.20	17.59	19.85	22.78	26.17	29.56	32.95	37.29	39.55	45.20	50.85
d_{wmin}	产品等级	A	6.9	8.9	11.6	14.6	16.6	19.6	22.5	25.3	28.2	31.7	33.6	—	—
		B	6.7	8.7	11.4	14.4	16.4	19.2	22.0	24.8	27.7	31.4	33.2	38	42.7
r_{min}			0.2	0.25	0.4		0.6				0.8			1	
非全螺纹	a		5P												
	b(参考)	$l<125$	16	18	22	26	30	34	38	42	46	50	54	60	66
		$125\leq l\leq200$	—	—	28	32	36	40	44	48	52	56	60	66	72
		$l>200$	—	—	—	—	—	53	57	61	65	69	73	79	85
	l 范围		25～50	30～60	35～80	40～100	45～120	50～140	55～160	60～180	65～200	70～220	80～240	90～260	90～300
全螺纹	a		2.4		3.0	3.75		4.5	5.25		6	7.5		9	10.5
	l 范围		8～50	12～60	16～80	20～100	25～100	30～140	35～100	35～180	40～100	45～200	40～100	55～200	40～100
l 系列公称			8,12,16,20～70(5 进位),80～160(10 进位),180～300(20 进位)												

注:(1)括号内为尽量不采用规格;非全螺纹 l 的范围为商品规格。

(2)产品等级:A 级用于 $d\leq24$mm 或 $l\leq10d$(或 $l\leq150$ mm),B 级用于 $d>24$mm 或 $l>10d$(或 $l>150$ mm)。

(3)机械性能等级为 8.8。

附表 6.2　六角头铰制孔用螺栓(摘自 GB/T 27—2013)　　mm

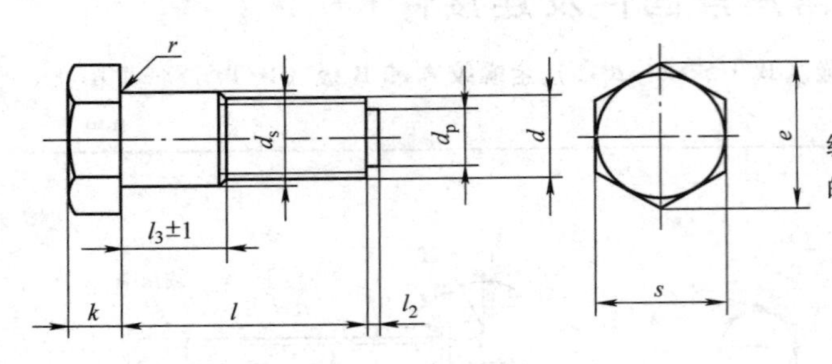

标记示例:

螺纹规格 d = M12,公称长度 l = 80mm,性能等级为 8.8 级,表面氧化,A 级六角头铰制孔用螺栓的标记:

螺栓 GB/T 27　M12 × 80

d 按 m6 制造时应加标记 m6:

螺栓 GB/T 27　M12m6 × 80

螺纹规格 d	d 最大 ($h9$)	s (最大)	k (公称)	r (最小)	d_P	l_2	e(最小) A	e(最小) B	b	l 范围	l_0	l 系列
M6	7	10	4	0.25	4	1.5	11.05	10.89	2.5	25 ~ 65	12	25,(28),30,(32),35,(38),40,45,50,(55),60,(65),70,(75),80,85,90,(95),100 ~ 260(10 进位)
M8	9	13	5	0.4	5.5	1.5	14.38	14.20		25 ~ 80	15	
M10	11	16	6	0.4	7	2	17.7	17.59		30 ~ 120	18	
M12	13	18	7	0.6	8.5	2	20.03	19.85		35 ~ 180	22	
M16	17	24	9	0.6	12	3	26.75	26.17	3.5	45 ~ 200	28	
M20	21	30	11	0.8	15	4	33.53	32.95		55 ~ 200	32	
M24	25	36	13	0.8	18	4	39.00	39.55	5	65 ~ 200	38	
M30	32	46	17	1.1	23	5	—	50.85		80 ~ 200	50	
M36	38	55	20	1.1	28	6	—	60.79		90 ~ 200	55	

附表 6.3　开槽锥端紧定螺钉(摘自 GB/T71—1985)　　mm

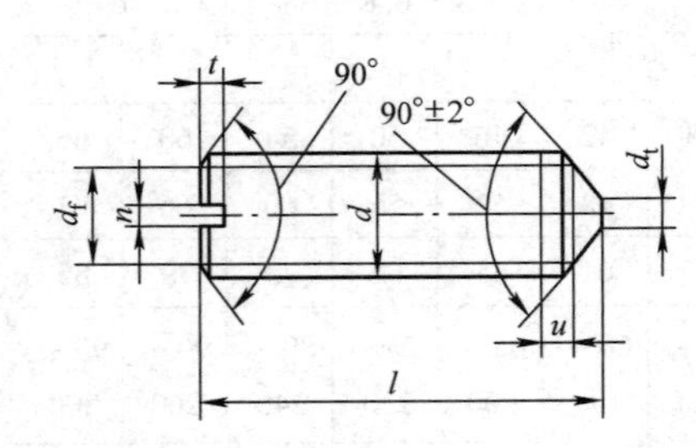

标记示例:

螺纹规格 d = M5、公称长度 l = 12mm、性能等级为 15H 级,表面氧化的开槽锥端紧定螺钉的标记:

螺钉 GB/T 71—1985　M5 × 12

螺纹规格 d		M3	M4	M5	M6	M8	M10	M12
P		0.5	0.7	0.8	1	1.25	1.5	1.75
d_f ≈		螺纹小径						
d_t	min	—	—	—	—	—	—	—
	max	0.3	0.4	0.5	1.5	2	2.5	3
n	公称	0.4	0.6	0.8	1	1.2	1.6	2
	min	0.4	0.66	0.86	1.06	1.26	1.66	2.06
	max	0.6	0.8	1	1.2	1.51	1.91	2.31
t	min	0.8	1.12	1.28	1.6	2	2.4	2.8
	max	1.05	1.42	1.63	2	2.5	3	3.6
l		4 ~ 16	6 ~ 20	8 ~ 25	8 ~ 30	10 ~ 40	12 ~ 50	14 ~ 60

长度 l 尺寸系列:4、5、6、8、10、12、(14)、16、20、25、30、35、40、45、50、(55)、60

附表 6.4　内六角圆柱头螺钉(摘自 GB/T 70.1—2008)　mm

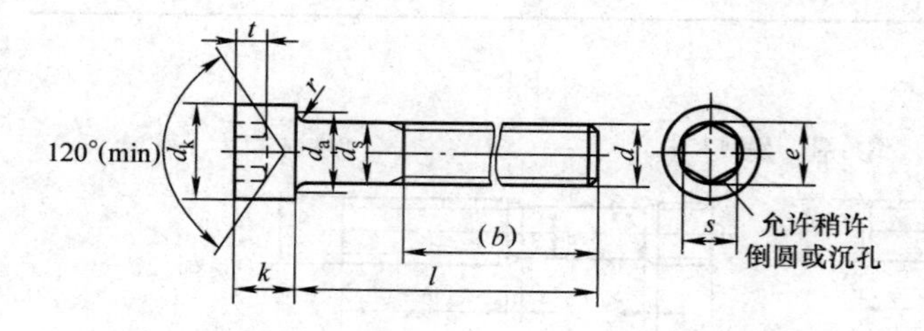

标记示例：

螺纹规格 d = M5、公称长度 l = 20mm、性能等级为 8.8 级、表面氧化的内六角圆柱头螺钉标记：

螺钉 GB/T 70.1 M5×20

螺纹规格 d		M6	M8	M10	M12	(M14)	M16	M20	M24	M30
P		1	1.25	1.5	1.75	2	2	2.5	3	3.5
b 参考		24	28	32	36	40	44	52	60	72
d_k	max	10	13	16	18	21	24	30	36	45
	max	10.22	13.27	16.27	18.27	21.33	24.33	30.33	36.39	45.39
$d_{a\,max}$①		6.8	9.2	11.2	13.7	15.7	17.7	22.4	26.4	33.4
d_{smax}①		6	8	10	12	14	16	20	24	30
e_{min}		5.72	6.68	9.15	11.43	13.72	16	19.44	21.73	25.15
r_{min}		0.25	0.4	0.4	0.6	0.6	0.6	0.8	0.8	1
k_{max}		6	8	10	12	14	16	20	24	30
s 公称		5	6	8	10	12	14	17	19	22
t_{min}		3	4	5	6	7	8	10	12	15.5
l		10～60	12～18	16～100	20～120	25～140	25～160	30～200	40～200	45～200
全螺纹时 l≤		30	35	40	45	55	55	65	80	90
l 系列	10,12,(14),16,20～50(5 进位),(55),60,65,70～160(10 进位),180,200									

技术条件	材料	螺纹公差	机械性能等级	公差产品等级	表面处理
	钢	12.9 级为 5g6g 其他等级为 6g	8.8;12.9	A	氧化镀锌钝化

注：(1)M24,M30 为通用规格,其余为商品规格。

(2)括号内规格尽可能不用。

(3)①光滑头部;②滚花头部。

附表 6.5　双头螺柱 $b_m = d$(摘自 GB/T 897—1988)**$b_m = 1.25d$**(摘自 GB/T 898—1988)
$b_m = 1.5d$(摘自 GB/T 899—1988)

mm

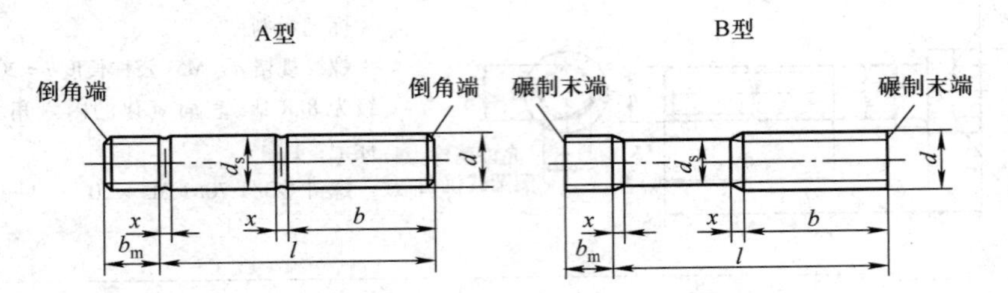

末端按GB/T 2—1985的规定；d_s 螺纹中径(仅适用B型)

标记示例：

两端均为粗牙普通螺纹，$d = 10$mm、$l = 50$mm，性能等级为 4.8 级、不经表面处理，B 型、$b_m = 1.5d$ 的双头螺柱的标记：螺柱 GB/T 899　M10×50mm

<table>
<tr><td colspan="3">螺纹规格 d</td><td>M5</td><td>M6</td><td>M8</td><td>M10</td><td>M12</td><td>4(M14)</td><td>M16</td><td>(M18)</td><td>M20</td><td>(M22)</td><td>M24</td><td>(M27)</td><td>M30</td></tr>
<tr><td rowspan="3">公称尺寸 b</td><td colspan="2">$b_m = d$</td><td>5</td><td>6</td><td>8</td><td>10</td><td>12</td><td>14</td><td>16</td><td>18</td><td>20</td><td>22</td><td>24</td><td>27</td><td>30</td></tr>
<tr><td colspan="2">$b_m = 1.25d$</td><td>6</td><td>8</td><td>10</td><td>12</td><td>15</td><td></td><td>20</td><td></td><td>25</td><td></td><td>30</td><td></td><td>38</td></tr>
<tr><td colspan="2">$b_m = 1.5d$</td><td>8</td><td>10</td><td>12</td><td>15</td><td>18</td><td>21</td><td>24</td><td>27</td><td>30</td><td>33</td><td>36</td><td>40</td><td>45</td></tr>
<tr><td rowspan="2">d</td><td colspan="2">min</td><td>4.70</td><td>5.70</td><td>7.65</td><td>9.64</td><td>11.57</td><td>13.57</td><td>15.57</td><td>17.57</td><td>19.48</td><td>21.48</td><td>23.48</td><td>26.48</td><td>29.48</td></tr>
<tr><td colspan="2">max</td><td>5.00</td><td>6.00</td><td>8.00</td><td>10.0</td><td>12.00</td><td>16.00</td><td>16.00</td><td>18.00</td><td>20.00</td><td>22.00</td><td>24.00</td><td>27.00</td><td>30.00</td></tr>
<tr><td>x</td><td colspan="2">max</td><td colspan="13">1.5P</td></tr>
<tr><td>公称</td><td>l_{min}</td><td>l_{max}</td><td colspan="13">b</td></tr>
<tr><td>12</td><td>11.10</td><td>12.90</td><td rowspan="2"></td><td rowspan="4"></td><td rowspan="4"></td><td rowspan="5"></td><td rowspan="5"></td><td rowspan="7"></td><td rowspan="7"></td><td rowspan="10"></td><td rowspan="10"></td><td rowspan="12"></td><td rowspan="13"></td><td rowspan="14"></td><td rowspan="15"></td></tr>
<tr><td>(14)</td><td>13.10</td><td>14.90</td></tr>
<tr><td>16</td><td>15.10</td><td>16.90</td><td rowspan="4">10</td></tr>
<tr><td>(18)</td><td>17.10</td><td>18.90</td></tr>
<tr><td>20</td><td>18.95</td><td>21.02</td><td rowspan="2">10</td><td rowspan="2">12</td></tr>
<tr><td>(22)</td><td>20.95</td><td>23.05</td><td rowspan="2">14</td><td rowspan="3">16</td></tr>
<tr><td>25</td><td>23.95</td><td>26.05</td><td rowspan="9">16</td><td rowspan="3">14</td><td rowspan="3">16</td></tr>
<tr><td>(28)</td><td>26.95</td><td>29.05</td><td rowspan="4">16</td><td rowspan="3">18</td><td rowspan="4">20</td></tr>
<tr><td>30</td><td>28.95</td><td>31.05</td><td rowspan="4">20</td></tr>
<tr><td>(32)</td><td>30.75</td><td>33.25</td><td rowspan="9">18</td><td rowspan="9">22</td></tr>
<tr><td>35</td><td>33.75</td><td>36.26</td><td rowspan="3">25</td><td rowspan="3">22</td><td rowspan="3">25</td></tr>
<tr><td>(38)</td><td>36.75</td><td>39.25</td><td rowspan="7">26</td><td rowspan="4">30</td></tr>
<tr><td>40</td><td>38.75</td><td>41.25</td><td rowspan="6">30</td><td rowspan="2">30</td></tr>
<tr><td>45</td><td>43.75</td><td>46.25</td><td rowspan="5">34</td><td rowspan="4">35</td><td rowspan="5">35</td><td rowspan="2">30</td></tr>
<tr><td>50</td><td>48.75</td><td>51.25</td><td rowspan="4">40</td><td rowspan="3">35</td></tr>
<tr><td>(55)</td><td>53.50</td><td>56.50</td><td rowspan="3"></td><td rowspan="3">38</td><td rowspan="3">45</td><td rowspan="2">40</td></tr>
<tr><td>60</td><td>58.50</td><td>61.50</td></tr>
<tr><td>(65)</td><td>63.50</td><td>66.50</td><td>42</td><td>50</td><td>50</td></tr>
</table>

续表

螺纹规格 d			M5	M6	M8	M10	M12	4(M14)	M16	(M18)	M20	(M22)	M24	(M27)	M30
公称	l_{min}	l_{max}	b												
70	68.50	71.50		18								40			
(75)	73.50	76.50											45		
80	78.50	81.50			22									50	50
(85)	83.25	86.75				26	30	34	38	42	46				
90	88.25	91.75										50			
(95)	93.25	96.75											54		
100	98.25	101.75												60	66
110	108.25	111.75													
120	118.25	121.75				32									
130	128.00	132.00													
140	138.00	142.00													
150	148.00	152.00					36	40							
160	158.00	162.00							44	48	52	56	60	66	72
170	168.00	172.00													
180	178.00	182.00													
190	187.70	192.30													
200	190.70	202.30													

注：(1)尽可能不采用括号内的规格。

(2)P 为粗牙螺距。

(3)折线之间为通用规格范围。

(4)$b-b_m \leqslant 5$ mm 时，旋转螺母一端应制成倒圆角。

(5)允许采用细牙螺纹和过渡配合螺纹。

附表 6.6　Ⅰ型六角螺母 A 级和 B 级(摘自 GB/T 6170—2000)　mm

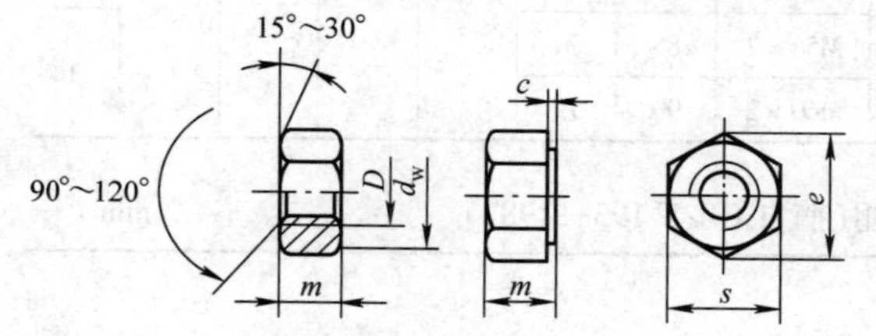

标记示例：

螺纹规格 D = M12、性能等级为 10 级、不经表面处理、A 级Ⅰ型六角螺母：螺母 GB/T 6170—2000 M12

螺纹规格 D(6H)	M5	M6	M8	M10	M12	(M14)	M16	(M18)	M20	(M22)	M24	(M27)	M30
m_{max}	4.7	5.2	6.8	8.4	10.8	12.8	14.8	15.8	18	19.4	21.5	23.8	25.6
s_{min}	8	10	13	16	18	21	24	27	30	34	36	41	46
e_{min}	8.79	11.05	14.38	17.77	20.03	23.35	26.75	29.56	32.95	37.29	39.55	45.2	50.85
d_{wmin}	6.9	8.9	11.6	14.6	16.6	19.6	22.5	24.8	27.7	31.4	33.2	38	42.7
c_{max}	0.5	0.5	0.6	0.6	0.6	0.6	0.8	0.8	0.8	0.8	0.8	0.8	0.8

注：(1)括号内规格尽量不采用。

(2)A 级用于 $D \leqslant 16$mm，B 级用于 $D > 16$mm。

(3)机械性能等级为 6、8、10 三级。

附表 6.7　圆螺母(摘自 GB/T 812—1988)　　mm

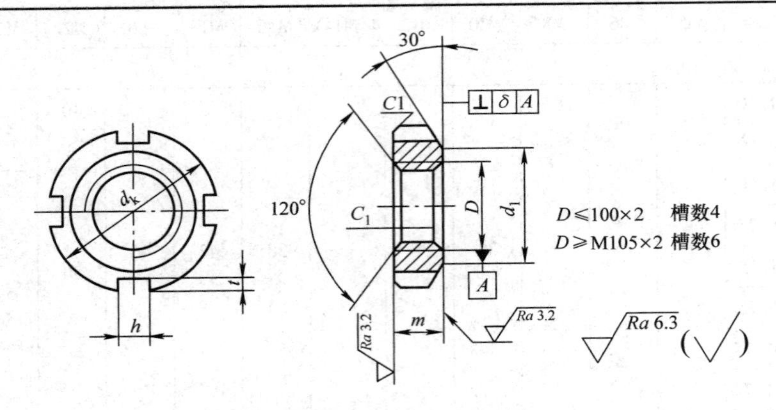

标记示例:

螺纹规格 $D \times P$ = M16×1.5、材料为45钢、槽或全部热处理后,硬度为35~45HRC、表面氧化的圆螺母:

螺母 GB/T 812—1988　M16×1.5

螺纹规格 $D \times P$	d_k	d_1	m	h/min	t/min	C	C_1	螺纹规格 $D \times P$	d_k	d_1	m	h/min	t/min	C	C_1
M10×1	22	16	8	4	2	0.5	0.5	M35×1.5①	52	43	10	6	38	1	0.5
M12×1.25	25	19						M36×1.5	55	46					
M14×1.5	28	20						M39×1.5	58	49				1.5	
M16×1.5	30	22		5	2.5			M40×1.5①	58	49					
M18×1.5	32	24						M42×1.5	62	53					
M20×1.5	35	27						M45×1.5	68	59					
M22×1.5	38	30	10					M48×1.5	72	61	12	8	3.5		
M24×1.5	42	34				1		M50×1.5①	72	61					
M25×1.5	42	34						M52×1.5	78	67					
M27×1.5	45	37						M55×2①	78	67					
M30×1.5	48	40						M56×2	85	74					1
M33×1.5	52	43		6	3			M60×2	90	79					

附表 6.8　标准型弹簧垫圈(摘自 GB/T 193—1987)　　mm

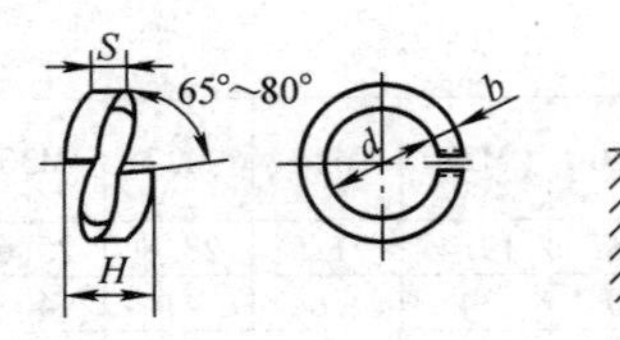

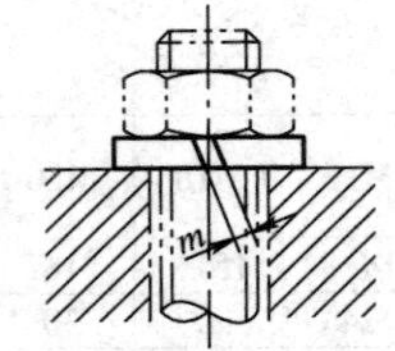

标记示例:

规格16mm、材料为65Mn、表面氧化的标准型弹簧垫圈:

垫圈 GB/T 193—1987 16

规格(螺纹大径)	5	6	8	10	12	(14)	16	(18)	20	(22)	24	(27)	30
d_{min}	5.1	6.1	8.1	10.2	12.2	14.2	16.2	18.2	20.2	22.5	24.5	27.5	30.5
$S=b$ 公称	1.3	1.6	2.1	2.6	3.1	3.6	4.1	4.5	5	5.5	6	6.8	7.5

续表

规格（螺纹大径）		5	6	8	10	12	(14)	16	(18)	20	(22)	24	(27)	30
H	min	2. 6	3. 2	4. 2	5. 2	6. 2	7. 2	8. 2	9	10	11	12	13. 6	15
	max	3. 25	4	5. 25	6. 5	7. 75	9	10. 25	11. 25	12. 5	13. 75	15	17	18. 75
$m \leqslant$		0. 65	0. 8	1. 05	1. 3	1. 55	1. 8	2. 05	2. 25	2. 5	2. 75	3	3. 4	3. 75

附表 6.9 垫圈 mm

小垫圈 A 级 GB/T 848—2002
平垫圈 A 级 GB/T 97. 1—2002

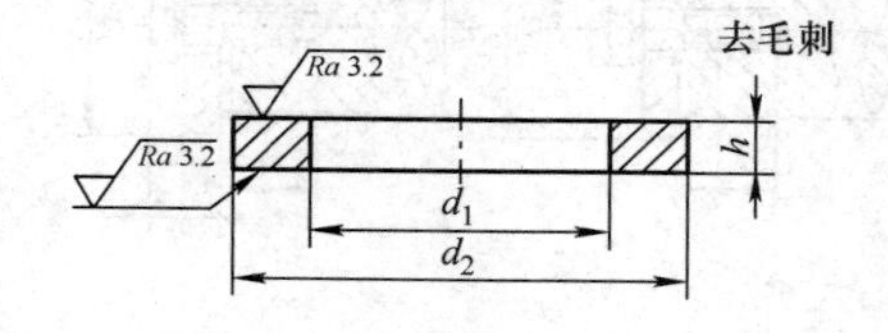

平垫圈 A 级 GB/T97. 2—2002

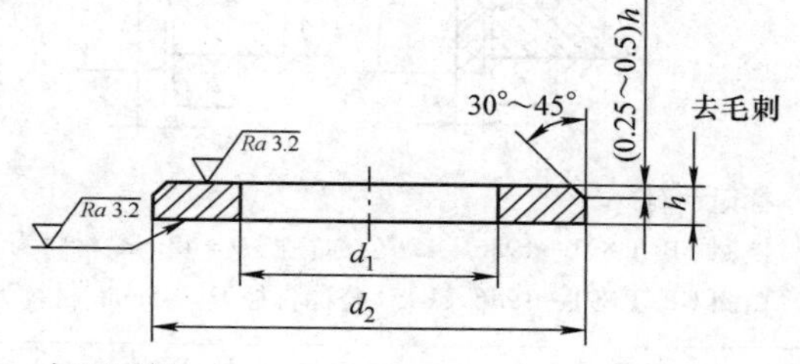

标记示例：

标准系列、规格 8mm、性能等级为 100HV 级、不经表面处理的平垫圈：

垫圈 GB/T 848 8

标记示例：

标准系列、规格 8mm、性能等级为 140HV 级、倒角型、不经表面处理的平垫圈：

垫圈 GB/T 848 8

公称尺寸（螺纹规格 *d*）		3	4	5	6	8	10	12	14	16	20	24	30	36
内径 d_1	GB8/T 848—2002 GB/T 97. 1—2002 GB/T 97. 2—2002	3. 2	4. 3	5. 3	6. 4	8. 4	10. 5	13	15	17	21	25	31	37
外径 d_2	GB/T 848—2002	6	8	9	11	15	18	20	24	28	34	39	50	60
	GB/T 97. 1—2002 GB/T 97. 2—2002	7	9	10	12	16	20	24	28	30	37	44	56	66
厚度 *h*	GB/T 848—2002	0. 5	0. 5	1	1. 6	1. 6	1. 6	2	2. 5	2. 5	3	4	4	5
	GB/T 97. 1—2002 GB/T 97. 2—2002	0. 5	0. 8	1	1. 6	1. 6	2	2. 5	2. 5	3	3	4	4	5

附表 6.10　螺钉紧固轴端挡圈(摘自 GB/T 891—1986)、**螺栓紧固轴端挡圈**(摘自 GB/T 892—1986)　　mm

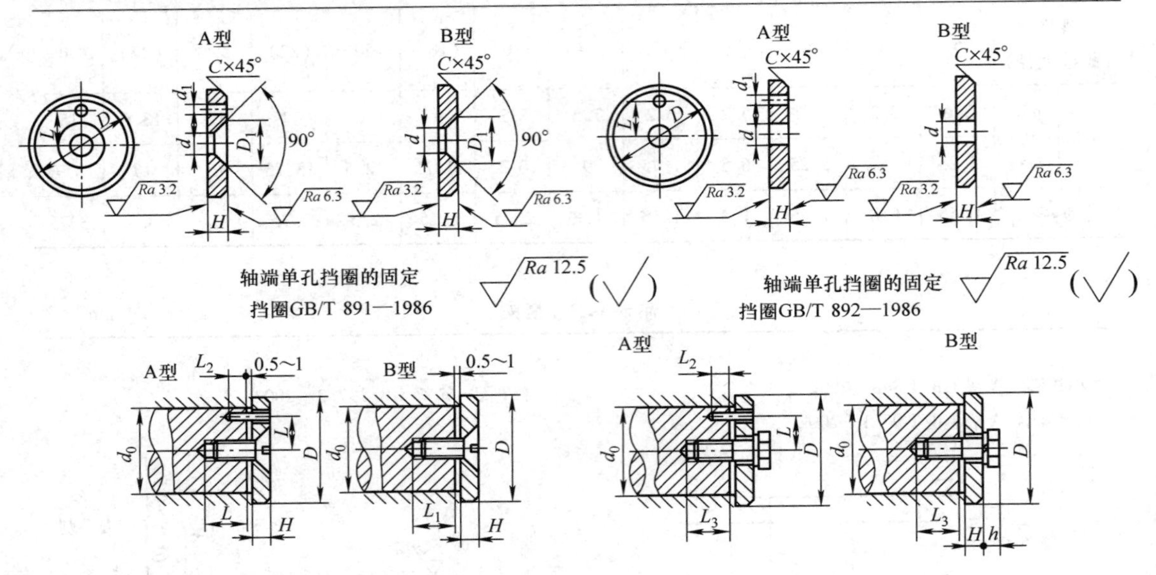

标记示例:

挡圈 GB/T 891—1986　45(公称直径 $D=45$mm、材料为 Q235. A、不经表面处理的 A 型螺钉紧固轴端挡圈)

挡圈 GB/T 891—1986　B45(公称直径 $D=45$mm、材料为 Q235. A、不经表面处理的 B 型螺钉紧固轴端挡圈)

<table>
<tr><th rowspan="2">轴径 d<</th><th rowspan="2">公称直径 D</th><th colspan="2">H</th><th colspan="2">L</th><th rowspan="2">d</th><th rowspan="2">d₁</th><th rowspan="2">D₁</th><th rowspan="2">c</th><th rowspan="2">螺栓 GB 5783—1986(推荐)</th><th rowspan="2">螺钉 GB 819—1987(推荐)</th><th rowspan="2">圆柱销 GB 119—1986(推荐)</th><th rowspan="2">垫圈 GB 93—1987(推荐)</th><th colspan="4">安装尺寸</th></tr>
<tr><th>基本尺寸</th><th>极限偏差</th><th>基本尺寸</th><th>极限偏差</th><th>L₁</th><th>L₂</th><th>L₃</th><th>h</th></tr>
<tr><td>20</td><td>28</td><td>4</td><td rowspan="14">0
~0.30</td><td>7.5</td><td rowspan="5">±0.11</td><td rowspan="2">5.5</td><td rowspan="2">2.1</td><td rowspan="2">11</td><td rowspan="2">0.5</td><td rowspan="2">M5×6</td><td rowspan="2">M5×12</td><td rowspan="2">A2×10</td><td rowspan="2">5</td><td rowspan="2">14</td><td rowspan="2">6</td><td rowspan="2">16</td><td rowspan="2">5.1</td></tr>
<tr><td>22</td><td>30</td><td>4</td><td>7.5</td></tr>
<tr><td>25</td><td>32</td><td>5</td><td>10</td><td rowspan="6">6.6</td><td rowspan="6">3.2</td><td rowspan="6">13</td><td rowspan="6">1</td><td rowspan="6">M6×20</td><td rowspan="6">M6×16</td><td rowspan="6">A31×6</td><td rowspan="6">6</td><td rowspan="6">18</td><td rowspan="6">7</td><td rowspan="6">20</td><td rowspan="6">6</td></tr>
<tr><td>28</td><td>35</td><td>5</td><td>10</td></tr>
<tr><td>30</td><td>38</td><td>5</td><td>10</td></tr>
<tr><td>32</td><td>40</td><td>5</td><td>12</td><td rowspan="6">±0.135</td></tr>
<tr><td>35</td><td>45</td><td>5</td><td>12</td></tr>
<tr><td>40</td><td>50</td><td>5</td><td>12</td></tr>
<tr><td>45</td><td>55</td><td>6</td><td>16</td><td rowspan="6">9</td><td rowspan="6">4.2</td><td rowspan="6">17</td><td rowspan="6">1.5</td><td rowspan="6">M8×25</td><td rowspan="6">M8×20</td><td rowspan="6">A4×14</td><td rowspan="6">8</td><td rowspan="6">22</td><td rowspan="6">8</td><td rowspan="6">24</td><td rowspan="6">8</td></tr>
<tr><td>50</td><td>60</td><td>6</td><td>16</td></tr>
<tr><td>55</td><td>65</td><td>6</td><td>16</td></tr>
<tr><td>60</td><td>70</td><td>6</td><td>20</td><td rowspan="5">±0.165</td></tr>
<tr><td>65</td><td>75</td><td>6</td><td>20</td></tr>
<tr><td>70</td><td>80</td><td>6</td><td>20</td></tr>
<tr><td>75</td><td>90</td><td>8</td><td rowspan="2">0
~0.36</td><td>25</td><td rowspan="2">13</td><td rowspan="2">5.2</td><td rowspan="2">25</td><td rowspan="2">2</td><td rowspan="2">M12×30</td><td rowspan="2">M12×25</td><td rowspan="2">A5×16</td><td rowspan="2">12</td><td rowspan="2">26</td><td rowspan="2">10</td><td rowspan="2">28</td><td rowspan="2">11.5</td></tr>
<tr><td>85</td><td>100</td><td>8</td><td>25</td></tr>
</table>

附表 6.11　普通平键（摘自 GB/T 1095、1096－2003）　　mm

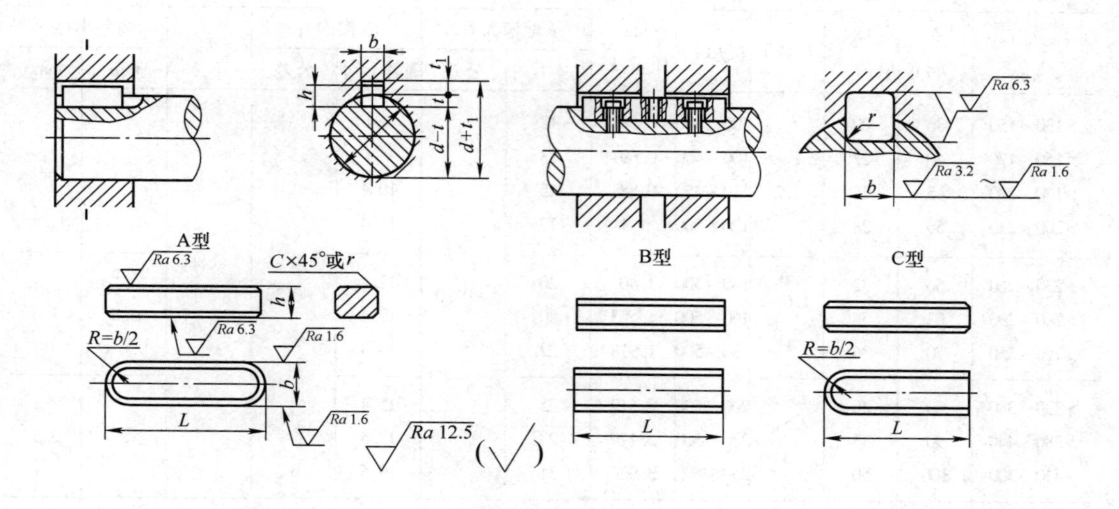

标记示例：

圆头普通平键（A 型），$b=10$mm，$h=8$mm，$L=25$

键　10×25　GB/T 1096—2003

对于同一尺寸的平头普通平键（B 型）或单圆头普通平键（C 型），标记为

键　B10×25　GB/T 1096—2003

键　C10×25　GB/T 1096—2003

轴径 d	键的公称尺寸				每 100 mm 质量/kg	键槽尺寸						
	b ($h8$)	($h8$) h($h11$)	C 或 r	L($h14$)		轴槽深 t 基本尺寸	轴槽深 t 公差	毂槽深 t_1 基本尺寸	毂槽深 t_1 公差	b	圆角半径 r min	圆角半径 r max
自 6～8	2	2	0.16～0.25	6～20	0.003	1.2	+0.10	1	+0.10	公称尺寸同键	0.08	0.16
>8～10	3	3		6～36	0.007	1.8		1.4				
>10～12	4	4		8～45	0.013	2.5		1.8				
>12～17	5	5	0.25～0.4	10～56	0.02	3.0		2.3			0.16	0.25
>17～22	6	6		14～70	0.028	3.5	+0.20	2.8	+0.20			
>22～30	8	7		18～90	0.044	4.0		3.3				
>30～38	10	8	0.4～0.6	22～110	0.063	5.0		3.3			0.25	0.4
>38～44	12	8		28～140	0.075	5.0		3.3				
>44～50	14	9		36～160	0.099	5.5		3.8				
>50～58	16	10		45～180	0.126	6.0		4.3				
>58～65	18	11		50～200	0.155	7.0		4.4				
>65～75	20	12	0.6～0.8	56～220	0.188	7.5		4.9			0.4	0.6
>75～85	22	14		63～250	0.242	9.0		5.4				
>85～95	25	14		70～280	0.275	9.0		5.4				
>95～110	28	16		80～320	0.352	10.0		6.4				
>110～130	32	18		90～360	0.452	11		7.4				

续表

轴径 d	键的公称尺寸				每100 mm 质量/kg	键槽尺寸						
	b (h8)	(h8) h(h11)	C 或 r	L(h14)		轴槽深 t		毂槽深 t_1		b	圆角半径 r	
						基本尺寸	公差	基本尺寸	公差		min	max
>130~150	36	20	1~1.2	100~400	0.565	12	+0.30	8.4	+0.30	公称尺寸同键	0.7	1.0
>150~170	40	22		100~400	0.691	13		9.4				
>170~200	45	25		110~450	0.883	15		10.4				
>200~230	50	28		120~500	1.1	17		11.4				
>230~260	56	32	1.6~2.0	140~500	1.407	20		12.4			1.2	1.6
>260~290	63	32		160~500	1.583	20		12.4				
>290~330	70	36		180~500	1.978	22		14.4				
>330~380	80	40	2.5~3	200~500	2.512	25		15.4			2	2.5
>380~440	90	45		220~500	3.179	28		17.4				
>440~500	100	50		250~500	3.925	31		19.5				
L 系列	6,8,10,12,14,16,18,20,22,25,28,32,36,40,45,50,56,63,70,80,90,100,110,125,140,160,180,200,220,250,280,320,360,400,450,500											

注:在工作图中,轴槽深用 $d-t$ 或 t 标记,毂槽深用 $d+t_1$ 标注。$(d-t)$ 和 $(d+t_1)$ 尺寸偏差按相应的 t 和 t_1 的偏差选取,但 $(d-t)$ 偏差取负号(-)。

附录7 润滑和密封的标准和规范

7.1 润滑剂

附表7.1 常用润滑油性质和用途

名称	代号	运动黏度(mm^2/s)		倾点 ≤℃	闪点 ≥℃	主要用途
		40℃	100℃			
全损耗系统用油(GB 443—1989)	L-AN5	4.14~5.06		-5	80	用于各种高速轻载机械轴承的润滑和冷却,如转速在10 000 r/min以上的精密机械、机床及纺织纱锭的润滑和冷却
	L-AN7	6.12~7.48			110	
	L-AN10	9.00~11.0			130	
	L-AN15	13.5~16.5			150	用于小型机床齿轮箱、传动装置轴承、中小型电机、风动工具等
	L-AN22	19.8~24.2				
	L-AN32	28.8~35.2				用于一般机床齿轮变速箱、中小型机床导轨及100 kW以上电机轴承
	L-AN46	41.4~50.6			160	主要用在大型机床、大型刨床上
	L-AN68	61.2~74.8				主要用在低速重载的纺织机械及重型机床、锻压、铸工设备上
	L-AN100	90.0~110			180	
	L-AN150	135~165				

续表

名称	代号	运动黏度(mm^2/s) 40℃	运动黏度(mm^2/s) 100℃	倾点 ≤℃	闪点 ≥℃	主要用途
工业闭式齿轮油(GB 5903—1995)	L-CKC68	61.2~74.8		-8	180	适用于煤炭、水泥、冶金工业部门大型封闭式齿轮传动装置的润滑
	L-CKC100	90.0~110				
	L-CKC150	135~165			200	
	L-CKC220	198~242				
	L-CKC320	288~352				
	L-CKC460	414~506				
	L-CKC680	612~748		-5	220	
液压油(GB 11118.1—94)	L-HL15	13.5~16.5		-12	140	适用于机床和其他设备的低压齿轮泵,也可以用于使用其他抗氧防锈型润滑油的机械设备(如轴承和齿轮等)
	L-HL22	19.8~24.2		-9		
	L-HL32	28.8~35.2		-6	160	
	L-HL46	41.4~50.6			180	
	L-HL68	61.2~74.8				
	L-HL100	90.0~110				
L-CPE/P蜗轮蜗杆油(SH 0094—1991)	220	198~242		-12		用于铜-钢配对的圆柱形、承受重负荷、传动中有振动和冲击的蜗轮蜗杆副
	320	288~352				
	460	414~506				
	680	612~748				
	1000	900~1000				

附表 7.2　常用润滑脂的性质和用途

名称	代号	滴点 ≥℃	工作锥入度 1/10mm	主要用途
钙基润滑脂(GB 491—1987)	L-XAAMHA1	80	310~340	有耐水性能,用于工作温度低于55~60℃的各种工农业、交通运输机械设备的轴承润滑,特别是有水或潮湿处
	L-XAAMHA2	85	265~295	
	L-XAAMHA3	90	220~250	
	L-XAAMHA 4	95	175~205	
钠基润滑脂(GB 492—1989)	L-XACMGA1	160	265~295	不耐水(或潮湿),用于工作温度在-10~110℃的一般中负荷机械设备轴承润滑
	L-XACMGA2		220~250	
通用锂基润滑脂(GB 7324—1987)	ZL-1	170	310~340	有良好的耐水性和耐热性,适用于温度在-20~120℃范围内各种机械的滚动轴承、滑动轴承及其他摩擦部位的润滑
	ZL-2	175	265~295	
	ZL-3	180	220~250	
钙钠基润滑脂(ZBE 36001—1988)	ZGN-1	120	250~290	用于工作温度在80~100℃、有水分或较潮湿环境中工作的机械润滑,多用于铁路机车、列车、小电动机、发电机滚动轴承的润滑,不适于低温工作
	ZGN-2	135	200~240	

续表

名称	代号	滴点 ≥℃	工作锥入度 1/10mm	主 要 用 途
石墨钙基润滑脂(ZBE 36002—1988)	ZG-S	80		人字齿轮,起重机、挖掘机的底盘齿轮,矿山机械、绞车钢丝绳等高负荷、高压力、低速粗糙机械润滑及一般开式齿轮润滑,能耐潮湿
高温润滑脂(GB 11124—1989)	7014-1	280	62~75	适用于高温下各种滚动轴承的润滑,也可用于一般滑动轴承和齿轮的润滑,使用温度为40~200℃

7.2 标准密封件

附表7.3 毡圈油封(JB/ZQ 4606—1986) mm

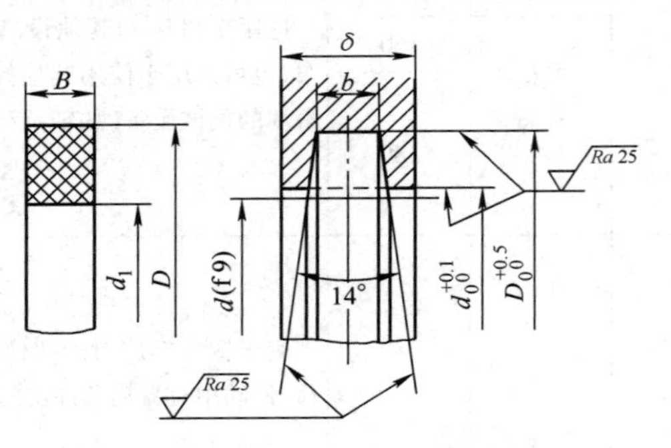

标记示例:
d=40mm,半粗羊毛毡圈标记:
毡圈 40JB/ZQ 4606—1986

轴径 d	毡圈				槽				
	D	d_1	B	重量(kg)	D_0	d_0	b	δ_{min}	
								用于钢	用于铸铁
15	29	14	6	0.0010	28	16	5	10	12
20	33	19		0.0012	32	21			
25	39	24	7	0.0018	38	26	6	12	15
30	45	29		0.0023	44	31			
35	49	34		0.0023	48	36			
40	53	39		0.0026	52	41			
45	61	44	8	0.0040	60	46	7		
50	69	49		0.0054	68	51			
55	74	53		0.0060	72	56			
60	80	58		0.0069	78	61			
65	84	63		0.0070	82	66			
70	90	68		0.0079	88	71			
75	94	73		0.0080	92	77			
80	102	78	9	0.010	100	82	8	15	18
85	107	83		0.012	105	87			
90	112	88		0.012	110	92			
95	117	93	10	0.014	115	97			
100	122	98		0.015	120	102			

附表 7.4　O 形橡胶密封圈（GB 3452.1—1992）

mm

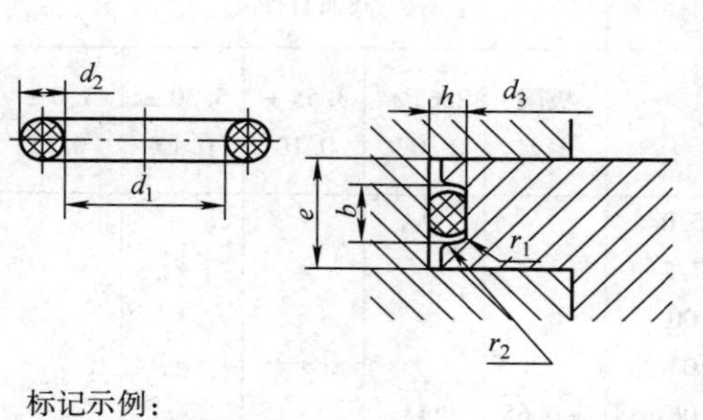

标记示例：

内径 $d_1=40$，截面直径 $d_2=3.55$ 的通用 O 形橡胶密封圈标记：

40 × 3.55G　GB 3452.1—1992

沟槽尺寸（GB 3452.3—1992）

d_2	$b_0{}^{+0.25}$	$h_0{}^{+0.10}$	d_3 偏差	r_1	r_2
1.8	2.4	1.38	0 −0.04	0.2 ~ 0.4	0.1 ~ 0.3
2.65	3.6	2.07	0 −0.05	0.4 ~ 0.8	
3.55	4.8	2.74	0 −0.06		
5.3	7.1	4.19	0 −0.07	0.8 ~ 1.2	
7.0	9.5	5.67	0 −0.09		

内径 d_1	极限偏差	截面直径 d_2 1.80 ± 0.08	2.65 ± 0.09	3.55 ± 0.10
13.2	±0.17	*	*	
14.0		*	*	
15.0		*	*	
16.0		*	*	
17.0		*	*	
18.0		*	*	*
19.0	±0.22	*	*	*
20.0		*	*	*
21.2		*	*	*
22.4		*	*	*
23.6		*	*	*
25.0		*	*	*
25.8		*	*	*
26.5		*	*	*
28.0		*	*	*
30.0		*	*	*
31.5	±0.30		*	*
32.5		*	*	*

内径 d_1	极限偏差	截面直径 d_2 2.65 ± 0.09	3.55 ± 0.10	5.30 ± 0.13
56.0	±0.44	*	*	*
58.0		*	*	*
60.0		*	*	*
61.5		*	*	*
63.0		*	*	*
65.0	±0.53		*	*
67.0		*	*	*
69.0			*	*
71.0		*	*	*
73.0			*	*
75.0		*	*	*
77.5			*	*
80.0		*	*	*
82.5	±0.65		*	*
85.0		*	*	*
87.5			*	*
90.0		*	*	*
92.5			*	*

续表

内径 d_1	截面直径 d_2 极限偏差	1.80±0.08	2.65±0.09	3.55±0.10	5.30±0.13
35.5		*	*	*	
36.5			*	*	
37.5	±0.30	*	*	*	
38.7			*	*	
40.0		*	*	*	*
41.2			*	*	*
42.5		*	*	*	*
43.7			*	*	*
45.0	±0.36		*	*	*
46.2		*	*	*	*
47.5			*	*	*
48.7			*	*	*
50.0		*	*	*	*
51.5			*	*	*
53.0	±0.44		*	*	*
54.5			*	*	*

内径 d_1	截面直径 d_2 极限偏差	2.65±0.09	3.55±0.10	5.30±0.13	7.0±0.15
95.0		*	*	*	
97.5			*	*	
100		*	*	*	
103			*	*	
106	±0.65	*	*	*	
109			*	*	*
112		*	*	*	*
115			*	*	*
118		*	*	*	*
122			*	*	*
125		*	*	*	*
128			*	*	*
132		*	*	*	*
136	±0.90		*	*	*
140		*	*	*	*
145			*	*	*
150		*	*	*	*
155			*	*	*

附表 7.5　内含骨架旋转轴唇形密封圈(GB/T 13871—2007)　　mm

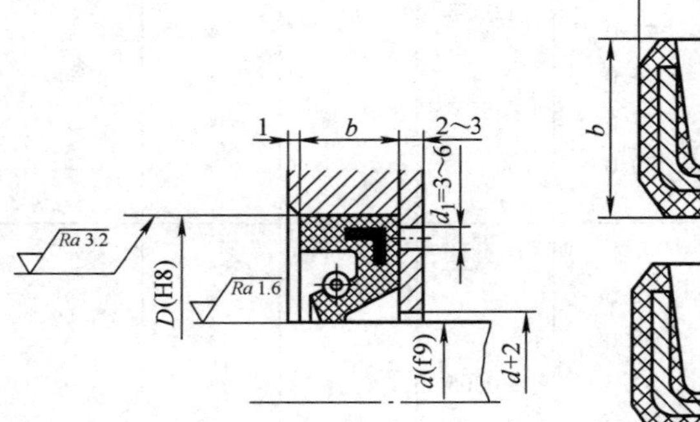

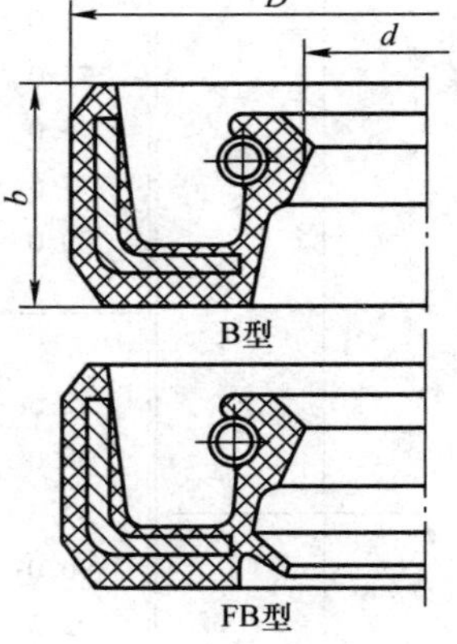

B型

FB型

标记示例:

$d=50, D=72$(有副唇)内包骨架旋转轴唇形密封圈标记:

(F)B　50　72　GB/T 13871—2007

续表

内径 d	外径 D	宽度 b	内径 d	外径 D	宽度 b	内径 d	外径 D	宽度 b
16	30,(35)	7	38	55,58,62	8	75	95,100	15
18	(30,35)		40	55,(60),62		80	100,100	
20	35,40		42	55,62		85	110,120	
22	35,40,47		45	62,65		90	(115),120	
25	40,47,52		50	68,(70),72		95	120	
28	40,47,52		55	72,(75),80		100	125	
30	42,47,(50),52		60	80,85		(105)	130	
32	45,47,52		65	85,90	10	110	140	
35	50,52,55	8	70	90,95		120	150	

注:(1)括号内尺寸尽量不采用。

(2)B 型为单唇,FB 型为双唇。

(3)壳体上拆卸孔 d_1 应有 3~4 个。

附表 7.6　油沟式密封槽(JB/ZQ 4245—1986)　　mm

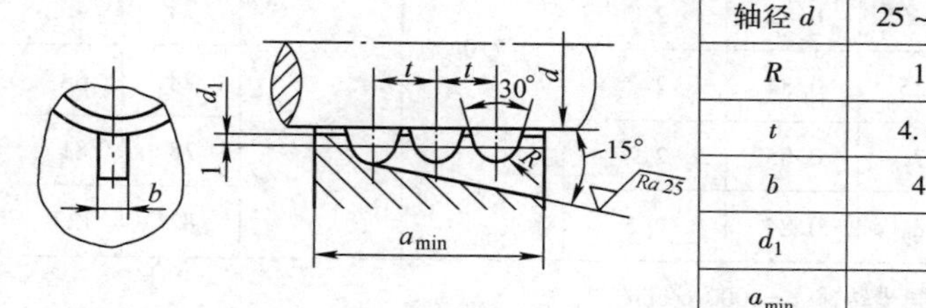

轴径 d	25~80	>80~120	>120~180	油沟数 n
R	1	2	2.5	2~4 个 (常用 3 个)
t	4.5	6	7.5	
b	4	5	6	
d_1	$d+1$			
a_{min}	$nt+R$			

附表 7.7　迷宫式密封槽　　mm

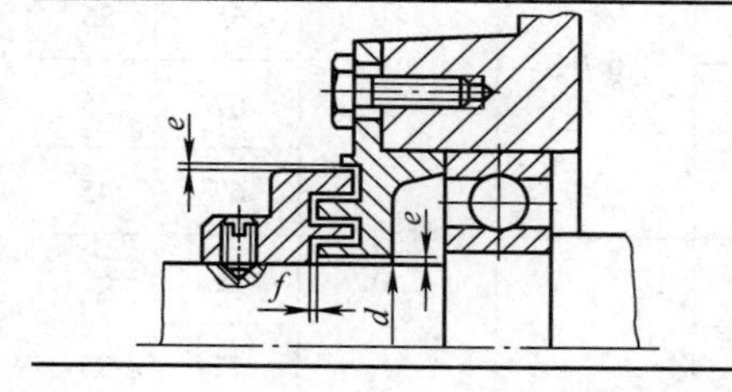

轴径 d	10~50	50~80	80~110	110~180
e	0.2	0.3	0.4	0.5
f	1	1.5	2	2.5

附录 8　电动机

附表 8.1　Y 系列(IP4)三相异步电动机技术数据(摘自 ZB/TK 22007—1988,JB/T 5274—1991)

型号	额定功率	满载时 转速/(r/min)	满载时 电流/A	满载时 效率/%	满载时 功率因数(cosφ)	堵转转矩(额定转矩)	堵转电流(额定电流)	最大转矩(额定转矩)	噪声/dB	净重/kg
同步转速 $n=3000$r/min										
Y801-2	0.75	2830	1.81	75	0.84	2.2	7.0	2.2	71	16
Y802-2	1.1	2830	2.52	77	0.86	2.2			71	17
Y90S-2	1.5	1840	3.44	78	0.86	2.2			75	22
Y90L-2	2.2	2840	4.74	82	0.86	2.2			75	25
Y100L-2	3.0	2870	6.39	82	0.87	2.2			79	33

续表

型号	额定功率	满载时				堵转转矩（额定转矩）	堵转电流（额定电流）	最大转矩（额定转矩）	噪声/dB	净重/kg
		转速/(r/min)	电流/A	效率/%	功率因数(cosφ)					
同步转速 $n=1500$ r/min										
Y801－4	0.55	1390	1.51	73	0.76	2.2	6.5	7.0	67	17
Y802－4	0.75	1390	2.01	74.5	0.76	2.2			67	18
Y90S－4	1.1	1400	2.75	78	0.78	2.2			67	22
Y90L－4	1.5	1440	3.65	79	0.79	2.2			67	27
Y100L1－4	2.2	1430	5.03	81	0.82	2.2	7.0		70	34
Y100L2－4	3.0	1430	6.82	82.5	0.81	2.2			7	38
Y112M－4	4.0	1440	8.77	84.5	0.82	2.2			74	43
Y132S－4	5.5	1440	11.6	85.5	0.84	2.2			78	68
Y132M－4	7.5	1440	15.4	87	0.85	2.2			78	81
Y160M－4	11.0	1460	22.6	88	0.84	2.2			82	123
同步转速 $n=1000$ r/min										
Y90S－6	0.75	910	2.25	72.5	0.70	2.0	6.0	2.0	65	23
Y90L－6	1.1	910	3.15	73.5	0.72	2.0			65	25
Y100L－6	1.5	940	3.97	77.5	0.74	2.0			67	35
Y112M－6	2.2	940	5.61	80.5	0.74	2.0			67	45
Y132S－6	3	960	7.23	83	0.76	2.0	6.5		71	65
Y132M1－6	4	960	9.40	84	0.77	2.0			71	75
Y132M2－6	5.5	960	12.6	85.3	0.78	2.0			71	85
Y160M－6	7.5	970	17.0	86	0.78	2.0			75	120
Y160L－6	11.0	970	24.6	87	0.78	2.0			75	150
同步转速 $n=750$ r/min										
Y132S－8	2.2	710	5.81	81	0.71	2.0	5.5	2.0	66	70
Y132M－8	3	710	7.72	82	0.72	2.0			66	80
Y160M1－8	4	720	9.91	84	0.73	2.0	6		69	120
Y160M2－8	5.5	720	13.3	85	0.74	2.0			69	125
Y160L－8	7.5	720	17.7	86	0.75	2.0	5.5		72	150
Y180L－8	11	730	25.1	86.5	0.77	1.7	6		72	200

附表 8.2　Y 系列(IP4)三相异步电动机(B3、B6、B7、B8、V5、V6)安装尺寸及外形尺寸　mm

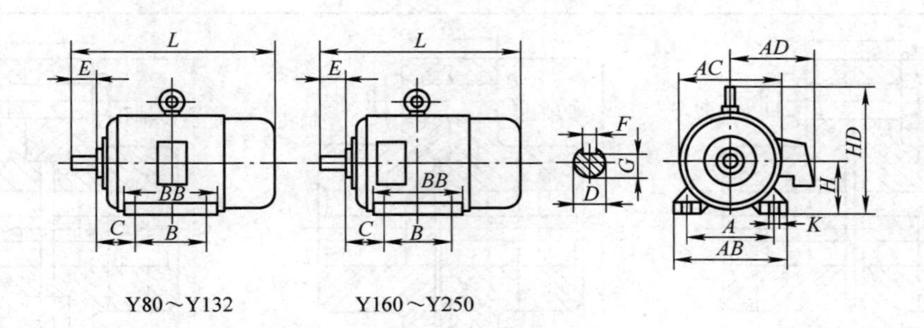

Y80～Y132　　　　Y160～Y250

<table>
<tr><th>机座号</th><th>极数</th><th>A</th><th>B</th><th>C</th><th colspan="2">D</th><th>E</th><th>F</th><th>G</th><th>H</th><th>K</th><th>AB</th><th>AC</th><th>AD</th><th>HD</th><th>BB</th><th>L</th></tr>
<tr><td>90S</td><td rowspan="4">2,4,6</td><td rowspan="2">140</td><td rowspan="2">125</td><td rowspan="2">56</td><td rowspan="2">24</td><td rowspan="4">+0.009
−0.004</td><td rowspan="2">50</td><td rowspan="4">8</td><td rowspan="2">20</td><td rowspan="2">90</td><td rowspan="2">10</td><td rowspan="2">180</td><td rowspan="2">175</td><td rowspan="2">155</td><td rowspan="2">190</td><td>130</td><td>310</td></tr>
<tr><td>90L</td><td>155</td><td>335</td></tr>
<tr><td>100L</td><td>160</td><td rowspan="3">140</td><td>63</td><td rowspan="2">28</td><td rowspan="2">60</td><td rowspan="2">24</td><td>100</td><td rowspan="4">12</td><td>205</td><td>205</td><td>180</td><td>245</td><td>170</td><td>380</td></tr>
<tr><td>112M</td><td>190</td><td>70</td><td>112</td><td>245</td><td>230</td><td>190</td><td>265</td><td>180</td><td>400</td></tr>
<tr><td>132S</td><td rowspan="7">2,4,6,8</td><td rowspan="2">216</td><td rowspan="2">89</td><td rowspan="2">38</td><td rowspan="6">+0.018
+0.002</td><td rowspan="2">80</td><td rowspan="2">10</td><td rowspan="2">33</td><td rowspan="2">132</td><td rowspan="2">280</td><td rowspan="2">270</td><td rowspan="2">210</td><td rowspan="2">315</td><td>200</td><td>475</td></tr>
<tr><td>132M</td><td>178</td><td>238</td><td>515</td></tr>
<tr><td>160M</td><td rowspan="2">254</td><td>210</td><td rowspan="2">108</td><td rowspan="2">42</td><td rowspan="5">110</td><td rowspan="2">12</td><td rowspan="2">37</td><td rowspan="2">160</td><td rowspan="4">15</td><td rowspan="2">330</td><td rowspan="2">325</td><td rowspan="2">255</td><td rowspan="2">385</td><td>270</td><td>600</td></tr>
<tr><td>160L</td><td>254</td><td>314</td><td>645</td></tr>
<tr><td>180M</td><td rowspan="2">279</td><td>241</td><td rowspan="2">121</td><td rowspan="2">48</td><td rowspan="2">14</td><td rowspan="2">42.5</td><td rowspan="2">180</td><td rowspan="2">335</td><td rowspan="2">360</td><td rowspan="2">285</td><td rowspan="2">430</td><td>311</td><td>670</td></tr>
<tr><td>180L</td><td>279</td><td>349</td><td>710</td></tr>
<tr><td>200L</td><td>318</td><td>305</td><td>133</td><td>55</td><td rowspan="6">+0.030
+0.011</td><td>16</td><td>49</td><td>200</td><td rowspan="3">19</td><td>395</td><td>400</td><td>310</td><td>475</td><td>379</td><td>775</td></tr>
<tr><td>225S</td><td>4,8</td><td rowspan="3">356</td><td>286</td><td rowspan="3">149</td><td>60</td><td>140</td><td>18</td><td>53</td><td rowspan="3">225</td><td rowspan="3">435</td><td rowspan="3">450</td><td rowspan="3">345</td><td rowspan="3">530</td><td>368</td><td>820</td></tr>
<tr><td rowspan="2">225M</td><td>2</td><td rowspan="2">311</td><td>55</td><td>110</td><td>16</td><td>49</td><td rowspan="2">393</td><td>815</td></tr>
<tr><td>4,6,8</td><td rowspan="2">60</td><td rowspan="3">140</td><td rowspan="3">18</td><td rowspan="2">53</td><td>845</td></tr>
<tr><td rowspan="2">250M</td><td>2</td><td rowspan="2"></td><td rowspan="2">311</td><td rowspan="2"></td><td rowspan="2">250</td><td rowspan="2">24</td><td rowspan="2">490</td><td rowspan="2">495</td><td rowspan="2">385</td><td rowspan="2">575</td><td rowspan="2">455</td><td rowspan="2">930</td></tr>
<tr><td>4,6,8</td><td>65</td><td>58</td></tr>
</table>

附录9 联轴器

附表9.1 凸缘联轴器(摘自GB/T 5843—2003)

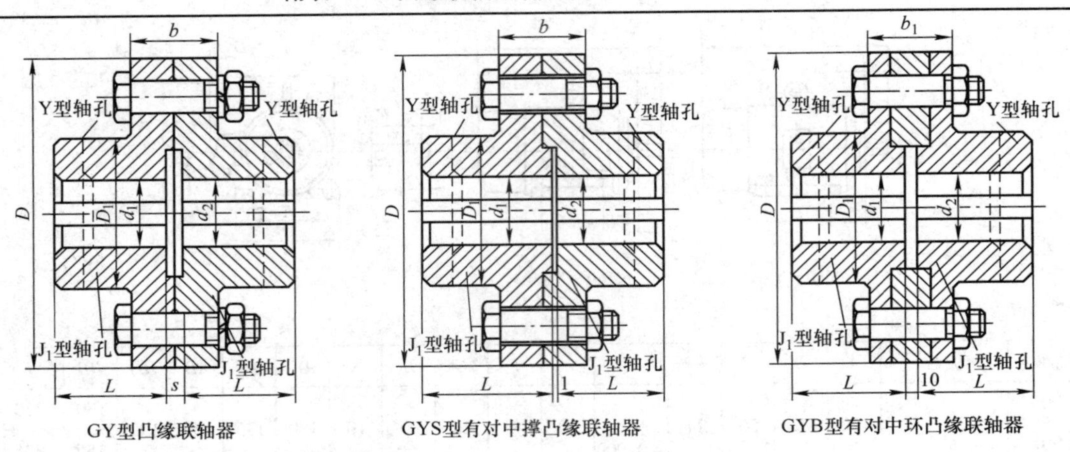

标记示例:GY5 凸缘联轴器$\frac{Y30\times82}{J_1 30\times60}$GB/T 5843—2003

主动端:Y型轴孔、A型键槽、$d_1=30$mm、$L=82$mm

从动端:J_1型轴孔、A型键槽、$d_1=30$mm、$L=60$mm

型号	公称转矩/(N·m)	许用转速/(r/min)	轴孔直径 d_1、d_2/mm	轴孔长度 L/mm Y型	J_1型	D/mm	D_1/mm	b/mm	b_1/mm	s/mm	转动惯量/(kg·m^2)	质量/kg
GY1 GYS1 GYH1	25	12 000	12,14	32	27	80	30	26	42	6	0.000 8	1.16
			16,18,19	42	30							
GY2 GYS2 GYH2	63	10 000	16,18,19	42	30	90	40	28	44	6	0.001 5	1.72
			20,22,24	52	38							
			25	62	44							
GY3 GYS3 GYH3	112	9 500	20,22,24	52	38	100	45	30	46	6	0.002 5	2.38
			25,28	62	44							
GY4 GYS4 GYH4	224	9 000	25,28	62	44	105	55	32	48	6	0.003	3.15
			30,32,35	82	60							
GY5 GYS5 GYH5	400	8 000	30,32,35,38	82	60	120	68	36	52	8	0.007	5.43
			40,42	112	84							
GY6 GYS6 GYH6	900	6 800	38	82	60	140	80	40	56	8	0.015	7.59
			40,42,45,48,50	112	84							

续表

型号	公称转矩/(N·m)	许用转速/(r/min)	轴孔直径 d_1、d_2/mm	轴孔长度 L/mm Y型	J_1型	D/mm	D_1/mm	b/mm	b_1/mm	s/mm	转动惯量/(kg·m²)	质量/kg
GY7 GYS7 GYH7	1600	6 000	48,50,55,56	112	84	160	100	40	56	8	0.031	13.1
			60,63	142	107							
GY8 GYS8 GYH8	3150	4 800	60,63,65,70,71,75	142	107	200	130	50	68	10	0.103	27.5
			80	172	132							
GY9 GYS9 GYH9	6300	3 600	75	142	107	260	160	66	84	10	0.319	47.8
			80,85,90,95	172	132							
			100	212	167							

注：本联轴器不具备径向、轴向和角向的补偿性能，刚性好，传递转矩大，结构简单，工作可靠，维护简便，适用于两轴对中精度良好的一般轴系传动。

附表 9.2　弹性柱销联轴器(摘自 GB/T5014—2003)

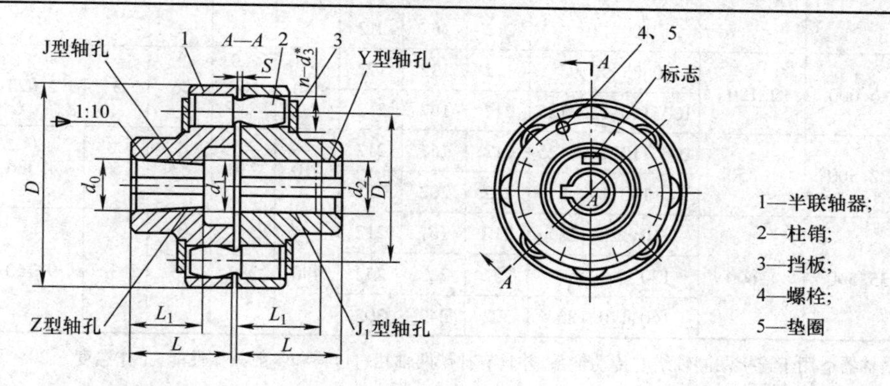

标记示例：LX7 联轴器$\frac{ZC75 \times 107}{JB70 \times 107}$GB/T 5014—2003

主动端：Z 型轴孔、C 型键槽、$d_z = 75$mm、$L_1 = 107$mm；

从动端：J 型轴孔、B 型键槽、$d_z = 70$mm、$L_1 = 107$mm

型号	公称转矩/(N·m)	许用转速/(r/min)	轴孔直径 d_1、d_2、d_z/mm	轴孔长度 Y型 L	J、J_1、Z型 L_1	J、J_1、Z型 L	D/mm	D_1/mm	B/mm	S/mm	转动惯量/(kg·m²)	质量/kg
LX1	250	8 500	12,14	32	27	—	90	40	20	2.5	0.002	2
			16,18,19	42	30	42						
			20,22,24	52	38	52						
LX2	560	6 300	20,22,24	52	38	52	120	55	28	2.5	0.009	5
			25,28	62	44	62						
			30,32,35	82	60	82						

续表

型号	公称转矩/(N·m)	许用转速/(r/min)	轴孔直径 d_1、d_2、d_z /mm	轴孔长度 Y型 L	J、J_1、Z型 L_1	J、J_1、Z型 L	D /mm	D /mm	B /mm	S /mm	转动惯量/($kg\cdot m^2$)	质量/kg
LX3	1 250	4 700	30,32,35,38	82	60	82	160	75	36	2.5	0.026	8
			40,42,45,48	112	84	112						
LX4	2 500	3 870	40,42,45,48,50,55,56	112	84	112	195	100	45	3	0.109	22
			60,63	142	107	142						
LX5	3 150	3 450	50,55,56	112	84	112	220	120	45	3	0.191	30
			60,63,65,70,71,75	142	107	142						
LX6	6 300	2 720	60,63,65,70,71,75	142	107	142	280	140	56	4	0.543	53
			80,85	172	132	172						
LX7	11 200	2 360	70,71,75	142	107	142	320	170	56	4	1.314	98
			80,85,90,95	172	132	172						
			100,110	212	167	212						
LX8	16 000	2 120	80,85,90,95	172	132	172	360	200	56	5	2.023	119
			100,110,120,125	212	167	212						
LX9	22 500	1 850	100,110,120,125	212	167	212	410	230	63	5	4.386	197
			130,140	252	202	252						
LX10	35 500	1 600	110,120,125	212	167	212	480	280	75	6	9.760	322
			130,140,150	252	202	252						
			160,170,180	302	242	302						

注:本联轴器适用于连接两同轴线的传动轴系,并具有补偿两轴相对位移和一般减振性能,工作温度 -20~+70℃。

附表 9.3 弹性套柱销联轴器(摘自 GB/T 4323-2002)

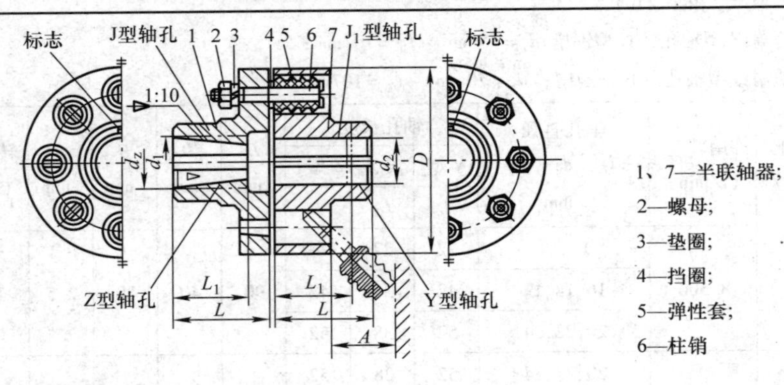

1、7—半联轴器;
2—螺母;
3—垫圈;
4—挡圈;
5—弹性套;
6—柱销

标记示例:LT3 联轴器$\frac{ZC16\times30}{JB18\times42}$GB/T 4323—2002

主动端:Z 型轴孔、C 型键槽、$d_z=16mm$、$L_1=30mm$;

从动端:J 型轴孔、B 型键槽、$d_z=18mm$、$L=42mm$

续表

型号	公称转矩/(N·m)	许用转速/(r/min)	轴孔直径 d_1、d_2、d_z /mm	轴孔长度/mm Y型 L	J、J_1、Z型 L_1	L	D /mm	A /mm	质量/kg	转动惯量/(kg·m²)	许用补偿量 径向 ΔY/mm	角向 $\Delta\alpha$
LT1	6.3	8 800	9	20	14	—	71	18	0.82	0.000 5	0.2	1°30′
			10,11	25	17							
			12,14	32	20							
LT2	16	7 600	12,14			42	80		1.20	0.000 8		
			16,18,19	42	30							
LT3	31.5	6 300	16,18,19				95	35	2.2	0.002 3		
			20,22	52	38	52						
LT4	63	5 700	20,22,24				106		2.84	0.003 7		
			25,28	62	44	62						
LT5	125	4 600	25,28				130	45	6.05	0.012	0.3	
			30,32,35	82	60	82						
LT6	250	3 800	32,35,38				160		9.57	0.028		1°
			40,42	112	84	112						
LT7	500	3 600	40,42,45,48				190		14.01	0.055		
LT8	710	3 000	45,48,50,55,56				224	65	23.12	0.134	0.4	
			60,63	142	107	142						
LT9	1 000	2 850	50,55,56	112	84	112	250		30.69	0.213		
			60,63,65,70,71	142	107	142						
LT10	2 000	2 300	63,65,70,71,75				315	80	61.4	0.66		
			80,85,90,95	172	132	172						
LT11	4 000	1 800	80,85,90,95				400	100	120.7	2.112	0.5	0°30′
			100,110	212	167	212						
LT12	8 000	1 450	100,110,120,125				475	130	210.34	5.39		
			130	252	202	252						
LT13	16 000	1 150	120,125	212	167	212	600	180	419.36	17.58	0.6	
			130,140,150	252	202	252						
			160,170	302	242	302						

注:(1)质量、转动惯量按材料为铸钢。

(2)本联轴器具有一定补偿两轴线相对偏移和减震缓冲能力,适用于安装底座刚性好,冲击载荷不大的中、小功率轴系传动,可用于经常正反转、启动频繁的场合,工作温度为 -20 ~ +70℃。

附表 9.4　十字滑块联轴器

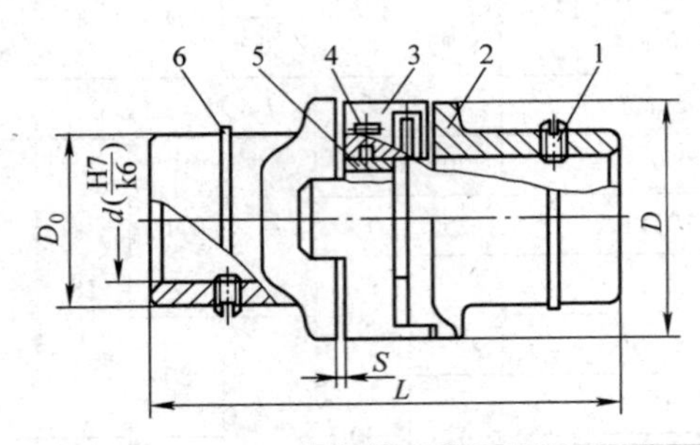

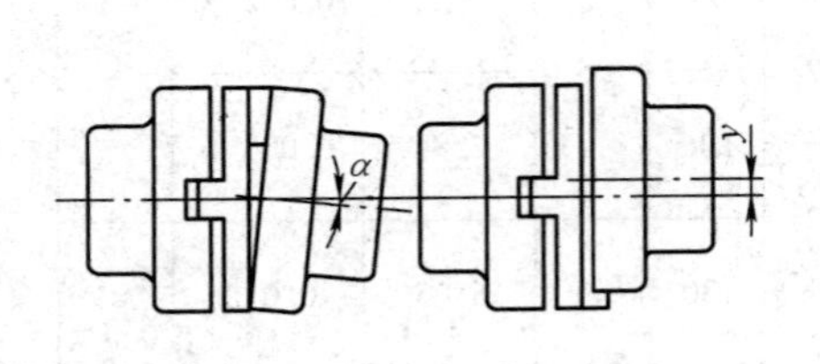

联轴器装配位置误差($\alpha\leqslant30'$, $y\leqslant0.04d$)

序号	名称	数量	材料
1	平端紧定螺钉	2	35 钢
2	半联轴器	2	ZG 230 - 450
3	圆盘	1	45 钢
4	压配式注油杯	2	
5	套筒	1	Q235
6	锁圈	2	弹簧钢丝

d/mm	许用转矩/(N·m)	许用转速/(r/min)	D_0/mm	D/mm	L/mm	S/mm
15,17,18	120	250	32	70	95	$0.5^{+0.3}$
20,25,30	250	250	45	90	115	$0.5^{+0.3}$
36,40	500	250	60	110	160	$0.5^{+0.3}$
45,50	800	250	80	130	200	$0.5^{+0.3}$
55,60	1 250	250	95	150	240	$0.5^{+0.3}$
65,70	2 000	250	105	170	275	$0.5^{+0.3}$
75,80	3 200	250	115	190	310	$0.5^{+0.3}$
85,90	5 000	250	130	210	355	$1.0^{+0.5}$
95,100	8 000	250	140	240	395	$1.0^{+0.5}$
110,120	10 000	100	170	280	485	$1.0^{+0.5}$
130,140	16 000	100	190	320	485	$1.0^{+0.5}$
150	20 000	100	210	340	550	$1.0^{+0.5}$

附录 10 滚动轴承

10.1 常用滚动轴承

附表 10.1 深沟球轴承(GB/T 276—1994)

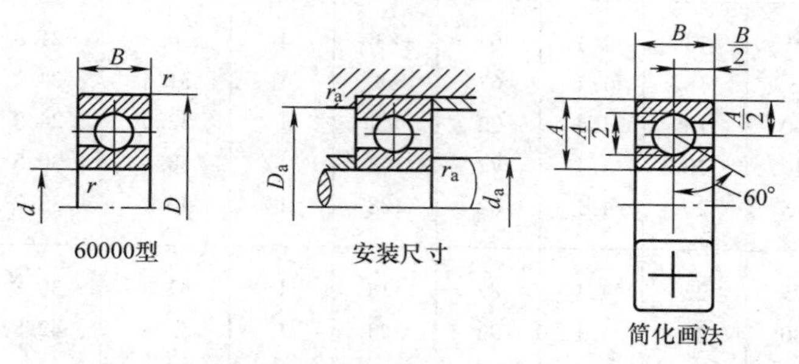

标记示例 滚动轴承 6210GB/T 276—1994

F_a/C_{or}	e	Y	径向当量动载荷	径向当量静载荷
0.014	0.19	2.3	当 $F_a/F_r \leq e, P_r = F_r$ 当 $F_a/F_r > e, P_r = 0.56F_r + YF_a$	$P_{or} = F_r$ $P_{or} = 0.6F_r + 0.5F_a$ 取上列两式计算结果的较大值
0.028	0.22	1.99		
0.056	0.26	1.71		
0.084	0.28	1.55		
0.11	0.30	1.45		
0.017	0.34	1.31		
0.28	0.38	1.15		
0.42	0.42	1.04		
0.56	0.44	1.00		

轴承代号	基本尺寸/mm				安装尺寸/mm			基本额定动载荷 C_r	基本额定静载荷 C_{or}	极限转速/(r/min)	
	d	D	B	r_s min	d_a min	D_a max	r_{as} max	kN	kN	脂润滑	油润滑
(1)0 尺寸系列											
6000	10	26	8	0.3	12.4	23.6	0.3	4.58	1.98	20 000	28 000
6001	12	28	8	0.3	14.4	25.6	0.3	5.10	2.38	19 000	26 000
6002	15	32	9	0.3	17.4	29.6	0.3	5.58	2.85	18 000	24 000
6003	17	35	10	0.3	19.4	32.6	0.3	6.00	3.25	17 000	22 000
6004	20	42	12	0.6	25	37	0.6	9.38	5.02	15 000	19 000
6005	25	47	12	0.6	30	42	0.6	10.0	5.85	13 000	17 000
6006	30	55	13	1	36	49	1	13.2	8.3	10 000	14 000
6007	35	62	14	1	41	56	1	16.2	10.5	9 000	12 000
6008	40	68	15	1	46	62	1	17.0	11.8	8 500	11 000
6009	45	75	16	1	51	69	1	21.0	14.8	8 000	10 000
6010	50	80	16	1	56	74	1	22.0	16.2	7 000	9 000

续表

轴承代号	基本尺寸/mm				安装尺寸/mm			基本额定动载荷 C_r	基本额定静载荷 C_{or}	极限转速/(r/min)	
	d	D	B	r_s min	d_a min	D_a max	r_{as} max	kN	kN	脂润滑	油润滑
(1)0 尺寸系列											
6011	55	90	18	1.1	62	83	1	30.2	21.8	6 300	9 000
6012	60	95	18	1.1	67	88	1	31.5	24.2	6 000	7 500
6013	65	100	18	1.1	72	93	1	32.0	24.8	5 600	7 000
6014	70	110	20	1.1	77	103	1	38.5	30.5	5 300	6 700
6015	75	115	20	1.1	82	108	1	40.2	33.2	5 000	6 300
6016	80	125	22	1.1	87	118	1	47.5	39.8	4 800	6 000
6017	85	130	22	1.1	92	123	1	5.08	42.8	4 500	5 600
6018	90	140	24	1.5	99	131	1.5	58.0	49.8	4 300	5 300
6019	95	145	24	1.5	104	136	1.5	57.8	50.0	4 000	5 000
6020	100	150	24	1.5	109	141	1.5	64.5	56.2	3 800	4 800
(0)2 尺寸系列											
6200	10	30	9	0.6	15	25	0.6	5.10	2.38	19 000	26 000
6201	12	32	10	0.6	17	56	0.6	6.82	3.05	18 000	24 000
6202	15	35	11	0.6	20	65	0.6	7.65	3.72	17 000	22 000
6203	17	40	12	0.6	22	73	0.6	9.58	4.78	16 000	20 000
6204	20	47	14	1	26	78	1	12.8	6.65	14 000	18 000
6205	25	52	15	1	31	83	1	14.0	7.88	12 000	16 000
6206	30	62	16	1	36	56	1	19.5	11.5	9 500	13 000
6207	35	72	17	1.1	42	65	1	25.5	15.2	8 500	11 000
6208	40	80	18	1.1	47	73	1	29.5	18.0	8 000	10 000
6209	45	85	19	1.1	52	78	1	31.5	20.5	7 000	9 000
6210	50	90	20	1.1	57	83	1	35.0	23.2	6 700	8 500
6211	55	100	21	1.5	64	97	1.5	43.2	29.2	6 000	7 500
6212	60	110	22	1.5	69	101	1.5	47.8	32.8	5 600	7 000
6213	65	120	23	1.5	74	111	1.5	57.2	40.0	5 000	6 300
6214	75	125	24	1.5	79	116	1.5	60.8	45.0	4 800	6 000
6215	80	130	25	1.5	84	121	1.5	66.0	49.5	4 500	5 600
6216	80	140	26	2	90	130	2	71.5	54.2	4 300	5 300
6217	85	150	28	2	95	140	2	83.2	63.8	4 000	5 000
6218	90	160	30	2	100	150	2	95.8	71.5	3 800	4 800
6219	95	170	32	2.1	107	158	2.1	110	82.8	3 600	4 500
6220	100	180	34	2.1	112	168	2.1	122	92.8	3 400	4 300

续表

轴承代号	基本尺寸/mm				安装尺寸/mm			基本额定动载荷 C_r	基本额定静载荷 C_{or}	极限转速/(r/min)	
	d	D	B	r_s min	d_a min	D_a max	r_{as} max	kN	kN	脂润滑	油润滑
(0)3 尺寸系列											
6300	10	35	11	0.6	15	30	0.6	7.65	3.48	18 000	24 000
6301	12	37	12	1	18	31	1	9.72	5.08	17 000	22 000
6302	15	42	13	1	21	36	1	11.5	5.42	16 000	20 000
6303	17	47	14	1	23	41	1	13.5	6.58	15 000	19 000
6304	20	52	15	1.1	27	45	1	15.8	7.88	13 000	17 000
6305	25	62	17	1.1	32	55	1	22.2	11.5	10 000	14 000
6306	30	72	19	1.1	37	65	1	27.0	15.2	9 000	12 000
6307	35	80	21	1.5	44	71	1.5	33.2	19.2	8 000	10 000
6308	40	90	23	1.5	49	81	1.5	40.8	24.0	7 000	9 000
6309	45	100	25	1.5	54	91	1.5	52.8	31.8	6 300	8 000
6310	50	110	27	2	60	100	2	61.8	38.0	6 000	7 500
6311	55	120	29	2	65	110	2	71.5	44.8	5 300	6 700
6312	60	130	31	2.1	72	118	2.1	81.8	51.8	5 000	6 300
6313	65	140	33	2.1	77	128	2.1	93.8	60.5	4 500	5 600
6314	70	150	35	2.1	82	138	2.1	105	68.0	4 300	5 300
6315	75	160	37	2.1	87	148	2.1	112	76.8	4 000	5 000
6316	80	170	39	2.1	92	158	2.1	122	86.5	3 800	4 800
6317	85	180	41	3	99	166	2.5	132	96.5	3 600	4 500
6318	90	190	43	3	104	176	2.5	145	108	3 400	4 300
6319	95	200	45	3	109	186	2.5	155	122	3 200	4 000
6320	100	215	47	3	114	201	2.5	175	140	2 800	3 600
(0)4 尺寸系列											
6403	17	62	17	1.1	24	55	1	22.5	10.8	11 000	15 000
6404	20	72	19	1.1	27	65	1	31.0	15.2	9 500	13 000
6405	25	80	21	1.5	34	71	1.5	38.2	19.2	8 500	11 000
6406	30	90	23	1.5	39	81	1.5	47.5	24.5	8 000	10 000
6407	35	100	25	1.5	44	91	1.5	56.8	29.5	6 700	8 500
6408	40	110	27	2	50	100	2	65.5	37.5	6 300	8 000
6409	45	120	29	2	55	110	2	77.5	45.5	5 600	7 000
6410	50	130	31	2.1	62	118	2.1	92.2	55.2	5 300	6 700
6411	55	140	33	2.1	67	128	2.1	100	62.5	4 800	6 000
6412	60	150	35	2.1	72	138	2.1	108	70.0	4 500	5 600
6413	65	160	37	2.1	77	148	2.1	118	78.5	4300	

注:(1)表中 C_r 值适用于轴承为真空托气轴承钢材料。如为普通电炉钢,C_r 值降低;如为真空重熔或电渣重熔轴承钢,C_r 值提高。

(2)$r_{s\,min}$ 为 r 的单向最小倒角尺寸;r_{asmax} 为 r_{as} 的单向最大倒角尺寸。

附表 10.2　角接触球轴承(GB/T 292—1994)

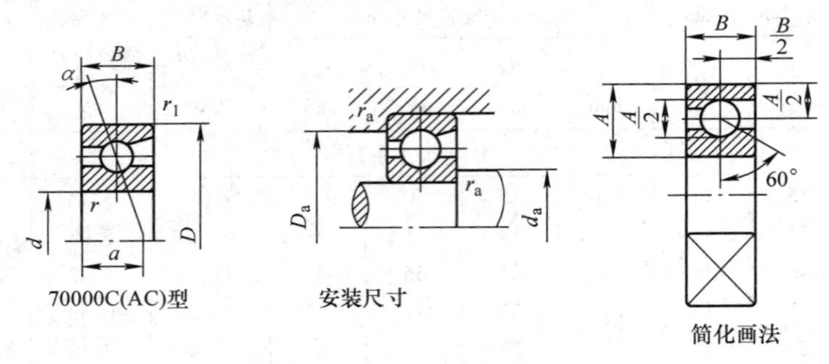

70000C(AC)型　　安装尺寸　　简化画法

标记示例　7210C GB/T 292—1994

iF_a/C_{or}	e	Y	70000C 型	70000AC 型
0.015	0.38	1.47	径向当量动载荷	径向当量动载荷
0.029	0.40	1.40	当 $F_a/F_r \leq e, P_r = F_r$	当 $F_a/F_r \leq 0.68, P_r = F_r$
0.058	0.43	1.30	当 $F_a/F_r > e, P_r = 0.44F_r + YF_a$	当 $F_a/F_r > 0.68, P_r = 0.41F_r + 0.87F_a$
0.087	0.46	1.23		
0.12	0.47	1.19		
0.17	0.50	1.12	径向当量静载荷	径向当量静载荷
0.29	0.55	1.02	$P_{or} = 0.5F_r + 0.46F_a$	$P_{or} = 0.5F_r + 0.38F_a$
0.44	0.56	1.00	当 $P_{or} < F_r$，取 $P_{or} = F_r$	当 $P_{or} < F_r$，取 $P_{or} = F_r$
0.58	0.56	1.00		

轴承代号		基本尺寸/mm					安装尺寸/mm			70000C 型($\alpha=15°$)			70000AC 型($\alpha=25°$)			极限转速/(r/min)	
		d	D	B	r_s min	r_{1s} min	d_a min	D_a max	r_{as} max	a/mm	基本额定动载荷 C_r/kN	基本额定静载荷 C_{or}/kN	a/mm	基本额定动载荷 C_r/kN	基本额定静载荷 C_{or}/kN	脂润	油润
(0)1 尺寸系列																	
7000C	7000AC	10	26	8	0.3	0.15	12.4	23.6	0.3	6.4	4.92	2.25	8.23	4.72	2.12	19 000	28 000
7001C	7001AC	12	28	8	0.3	0.15	14.4	25.6	0.3	6.7	5.42	2.65	8.7	5.20	2.55	18 000	26 000
7002C	7002AC	15	32	9	0.3	0.15	17.4	29.6	0.3	7.6	6.25	3.42	10	5.95	3.25	17 000	24 000
7003C	7003AC	17	35	10	0.3	0.15	19.4	32.6	0.3	8.5	6.60	3.85	11.1	6.30	3.68	16 000	22 000
7004C	7004AC	20	42	12	0.6	0.15	25	37	0.6	10.2	10.5	6.08	13.2	10.0	5.78	14 000	19 000
7005C	7005AC	25	47	12	0.6	0.15	30	42	0.6	10.8	11.5	7.45	14.4	11.2	7.08	12 000	17 000
7006C	7006AC	30	55	13	1	0.3	36	49	1	12.2	15.2	10.2	16.4	14.5	9.85	9 500	14 000
7007C	7007AC	35	62	14	1	0.3	41	56	1	13.5	19.5	14.2	18.3	18.5	13.5	8 500	12 000
7008C	7008AC	40	68	15	1	0.3	46	62	1	14.7	20.0	15.2	20.1	19.0	14.5	8 000	11 000
7009C	7009AC	45	75	16	1	0.3	51	69	1	16	25.8	20.5	21.9	25.8	19.5	7 500	10 000
7010C	7010AC	50	80	16	1	0.3	56	74	1	16.7	26.5	22.0	23.2	25.2	21.0	6 700	9 000
7011C	7011AC	55	90	18	1.1	0.6	62	83	1	18.7	37.2	30.5	25.9	35.2	29.2	6 000	8 000
7012C	7012AC	60	95	18	1.1	0.6	67	88	1	19.4	38.2	32.8	27.1	36.2	31.5	5 600	7 500
7013C	7013AC	65	100	18	1.1	0.6	72	93	1	20.1	40.0	35.5	28.2	38.0	33.8	5 300	7 000
7014C	7014AC	70	110	20	1.1	0.6	77	103	1	22.1	48.2	43.5	30.9	45.8	41.5	5 000	6 700

续表

轴承代号		基本尺寸/mm					安装尺寸/mm			70000C 型(α=15°)			70000AC 型(α=25°)			极限转速 r/min	
		d	D	B	r_s	r_{1s}	d_a	D_a	r_{as}	a/mm	基本额定 动载荷 C_r	基本额定 静载荷 C_{or}	a/mm	基本额定 动载荷 C_r	基本额定 静载荷 C_{or}	脂润	油润
					min		min	max			/kN			/kN			
(0)1 尺寸系列																	
7015C	7015AC	75	115	20	1.1	0.6	82	108	1	22.7	49.5	46.5	32.2	46.8	44.2	4 800	6 300
7016C	7016AC	80	125	22	1.5	0.6	89	116	1.5	24.7	58.5	55.8	34.9	55.5	53.2	4 500	6 000
7017C	7017AC	85	130	22	1.5	0.6	94	121	1.5	25.4	62.5	60.2	36.1	59.2	57.2	4 300	5 600
7018C	7018AC	90	140	24	1.5	0.6	99	131	1.5	27.4	71.5	69.8	38.8	67.5	66.5	4 000	5 300
7019C	7019AC	95	145	24	1.5	0.6	104	136	1.5	28.1	73.5	73.2	40	69.5	69.8	3 800	5 000
7020C	7020AC	100	150	24	1.5	0.6	109	141	1.5	28.7	79.2	78.5	41.2	75	74.8	3 800	5 00
(0)2 尺寸系列																	
7200C	7200AC	10	30	9	0.6	0.15	15	25	0.6	7.2	5.82	2.95	9.2	5.58	2.82	18 000	26 000
7201C	7201AC	12	32	10	0.6	0.15	17	27	0.6	8	7.35	3.52	10.2	7.10	3.35	17 000	24 000
7202C	7202AC	15	35	11	0.6	0.15	20	30	0.6	8.9	8.68	4.62	11.4	8.53	4.40	16 000	22 000
7203C	7203AC	17	40	12	0.6	0.3	22	35	0.6	9.9	10.8	5.95	12.8	10.5	5.65	15 000	20 000
7204C	7204AC	20	47	14	1	0.3	26	41	1	11.5	14.5	8.22	14.9	14.0	7.82	13 000	18 000
7205C	7205AC	25	52	15	1	0.3	31	46	1	12.7	16.5	10.5	16.4	15.8	9.88	11 000	16 000
7206C	7206AC	30	62	16	1	0.3	36	56	1	14.2	23.0	15.0	18.7	22.0	14.2	9 000	13 000
7207C	7207AC	35	72	17	1.1	0.6	42	65	1	15.7	30.5	20.0	21	29.0	19.2	8 000	11 000
7208C	7208AC	40	80	18	1.1	0.6	47	73	1	17.0	36.8	25.8	23	35.2	24.5	7 500	10 000
7209C	7209AC	45	85	19	1.1	0.6	52	78	1	18.2	38.5	28.5	24.7	36.8	27.2	6 700	9 000
7210C	7210AC	50	90	20	1.1	0.6	57	83	1	19.4	42.8	32.0	26.3	40.8	30.5	6 300	8 500
7211C	7211AC	55	100	21	1.5	0.6	64	91	1.5	20.9	52.8	40.5	28.6	50.5	38.5	5 600	7 500
7212C	7212AC	60	110	22	1.5	0.6	69	101	1.5	22.4	61.0	48.5	30.8	58.2	46.2	5 300	7 000
7213C	7213AC	65	120	23	1.5	0.6	74	111	1.5	24.2	69.8	55.2	33.5	66.5	52.5	4 800	6 300
7214C	7214AC	70	125	24	1.5	0.6	79	116	1.5	25.3	70.2	60.0	35.1	69.2	57.5	4 500	6 000
7215C	7215AC	75	130	25	1.5	0.6	84	121	1.5	26.4	79.2	65.8	36.6	75.2	63.0	4 300	5 600
7216C	7216AC	80	140	26	2	1	90	130	2	27.7	89.5	78.2	38.9	85.0	74.5	4 000	5 300
7217C	7217AC	85	150	28	2	1	95	140	2	29.9	99.8	85.0	41.6	94.8	81.5	3 800	5 000
7218C	7218AC	90	160	30	2	1	100	150	2	31.7	122	105	44.2	118	100	3 600	4 800
7219C	7219AC	95	170	32	2.1	1.1	107	158	2.1	33.8	135	115	46.9	128	108	3 400	4 500
7220C	7220AC	100	180	34	2.1	1.1	112	168	2.1	35.8	148	128	49.7	142	122	3 200	4 300
(0)3 尺寸系列																	
7301C	7301AC	12	37	12	1	0.3	18	31	1	8.6	8.10	5.22	12	8.08	4.88	16 000	22 000
7302C	7302AC	15	42	13	1	0.3	21	36	1	9.6	9.38	5.95	13.5	9.08	5.58	15 000	20 000
7303C	7303AC	17	47	14	1	0.3	23	41	1	10.4	12.8	8.62	14.8	11.5	7.08	14 000	19 000
7304C	7304AC	20	52	15	1.1	0.6	27	45	1	11.3	14.2	9.68	16.8	13.8	9.10	12 000	17 000

续表

轴承代号		基本尺寸/mm					安装尺寸/mm			70000C 型($\alpha=15°$)			70000AC 型($\alpha=25°$)			极限转速/(r/min)	
		d	D	B	r_s	r_{1s}	d_a	D_a	r_{as}	a/mm	基本额定		a/mm	基本额定			
					min		min	max			动载荷 C_r	静载荷 C_{or}		动载荷 C_r	静载荷 C_{or}		
											/kN			/kN		脂润	油润
(0)3 尺寸系列																	
7305C	7305AC	25	62	17	1.1	0.6	32	55	1	13.1	21.2	15.8	19.1	20.8	14.8	9 500	14 000
7306C	7306AC	30	72	19	1.5	0.6	37	65	1	15	26.5	19.8	22.2	25.2	18.5	8 500	12 000
7307C	7307AC	35	80	21	1.5	0.6	44	71	1.5	16.6	34.2	26.8	24.5	32.8	24.8	7 500	10 000
7308C	7308AC	40	90	23	1.5	0.6	49	81	1.5	18.5	40.2	32.3	27.5	38.5	30.5	6 700	9 000
7309C	7309AC	45	100	25	1.5	0.6	54	91	1.5	20.2	49.2	39.8	30.2	47.5	37.2	6 000	8 000
7310C	7310AC	50	110	27	2	1	60	100	2	22	53.5	47.2	33	55.5	44.5	5 600	7 500
7311C	7311AC	55	120	29	2	1	65	110	2	23.8	70.5	60.5	35.8	67.2	56.8	5 000	6 700
7312C	7312AC	60	130	31	2.1	1.1	72	118	2.1	25.6	80.5	70.2	38.7	77.8	65.8	4 800	6 300
7313C	7313AC	65	140	33	2.1	1.1	77	128	2.1	27.4	91.5	80.5	41.5	89.8	75.5	4 300	5 600
7314C	7314AC	70	150	35	2.1	1.1	82	138	2.1	29.2	102	91.5	44.3	98.5	86.0	4 000	5 300
7315C	7315AC	75	160	37	2.1	1.1	87	148	2.1	31	112	105	47.2	108	97.0	3 800	5 000
7316C	7316AC	80	170	39	2.1	1.1	92	158	2.1	32.8	122	118	50	118	108	3 600	4 800
7317C	7317AC	85	180	41	3	1.1	99	166	2.5	34.6	132	128	52.8	125	122	3 400	4 500
7318C	7318AC	90	190	43	3	1.1	104	176	2.5	36.4	142	142	55.6	135	135	3 200	4 300
7319C	7319AC	95	200	45	3	1.1	109	186	2.5	38.2	152	158	58.5	145	148	3 000	4 000
7320C	7320AC	100	215	47	3	1.1	114	201	2.5	40.2	162	175	61.9	165	178	2 600	3 600
(0)4 尺寸系列																	
	7406AC	30	90	23	1.5	0.6	39	81	1				26.1	42.5	32.2		
	7407AC	35	100	25	1.5	0.6	44	91	1.5				29	53.8	42.5		
	7408AC	40	110	27	2	1	50	100	2				31.8	62.0	49.5		
—	7409AC	45	120	29	2	1	55	110	2				34.6	66.8	52.8		
	7410AC	50	130	31	2.1	1.1	62	118	2.1				37.4	76.5	64.2		
	7412AC	60	150	35	2.1	1.	72	138	2.1				43.1	102	90.8		
	7414AC	70	180	42	3	1	84	166	2.5				51.5	125	125		
	7416AC	80	200	48	3	1.1	94	186	2.5				58.1	152	162		

注:表中 C_r 值,对(0)1、(0)2 系列为真空脱气轴承钢的负荷能力,对(0)3、(0)4 系列为电炉轴承钢的负荷能力。

附表 10.3 圆锥滚子轴承(摘自 GB/T 297—1994)

30000型　　安装尺寸　　简化画法

径向当量动载荷	当 $F_a/F_r \leqslant e, P_r = F_r$ 当 $F_a/F_r > e, P_r = 0.4F_r + YF_a$
径向当量静载荷	$P_{or} = F_r$ $P_{or} = 0.5F_r + Y_oF_a$ 取上列两式计算结果的较大值

标记示例：滚动轴承 30310GB/T 297—1994

轴承代号	基本尺寸/mm						安装尺寸/mm					计算系数			基本额定		极限转速/(10^3r/min)	
															动载荷 C_r	静载荷 C_{or}		
	d	D	T	B	C	a ≈	d_a mix	d_b max	D_a min	D_a max	D_b min	e	Y	Y_o	/kN		脂润	油润
02 尺寸系列																		
30203	17	40	13.25	12	11	9.9	23	23	34	34	37	0.35	1.7	1	20.8	21.8	9	12
30204	20	47	15.25	14	12	11.2	26	27	40	41	43	0.35	1.7	1	28.2	30.5	8	10
30205	25	52	16.25	15	13	12.5	31	31	44	46	48	0.37	1.6	0.9	32.2	37.0	7	9
30206	30	62	17.25	16	14	13.8	36	37	53	56	58	0.37	1.6	0.9	43.2	50.5	6	7.5
30207	35	72	18.25	17	15	15.3	42	44	62	65	67	0.37	1.6	0.9	54.2	63.5	5.3	6.7
30208	40	80	19.75	18	16	16.9	47	49	69	73	75	0.37	1.6	0.9	63.0	74.0	5	6.3
30209	45	85	20.75	19	16	118.6	52	53	74	78	80	0.4	1.5	0.8	67.8	83.5	4.5	5.6
30210	50	90	21.75	20	17	20	57	58	79	83	86	0.42	1.4	0.8	73.2	92.0	4.3	5.3
30211	55	100	22.75	21	18	21	64	64	88	91	95	0.4	1.5	0.8	90.8	115	3.8	4.8
30212	60	110	23.75	22	19	22.3	69	69	96	101	103	0.4	1.5	0.8	102	130	3.6	4.5
30213	65	120	24.75	23	20	23.8	74	77	106	111	114	0.4	1.5	0.8	120	152	3.2	4
30214	70	125	26.25	24	21	25.8	79	81	110	116	119	0.42	1.4	0.8	132	175	3	3.8
30215	75	130	27.25	25	22	27.4	84	85	115	121	125	0.44	1.4	0.8	138	185	2.8	3.6
30216	80	140	28.25	26	22	28.1	90	90	124	130	133	0.42	1.4	0.8	160	212	2.6	3.4
30217	85	150	30.5	28	24	30.3	95	96	132	140	142	0.42	1.4	0.8	178	238	2.4	3.2
30218	90	160	32.5	30	26	32.3	100	102	140	150	151	0.42	1.4	0.8	200	270	2.2	3
30219	95	170	34.5	32	27	34.2	107	108	149	158	160	0.42	1.4	0.8	228	308	2	2.8
30220	100	180	37	34	29	36.4	112	114	157	168	169	0.42	1.4	0.8	255	350	1.9	2.6
03 尺寸系列																		
30302	15	42	14.25	13	11	9.6	21	22	36	36	38	0.29	2.1	1.2	22.8	21.5	9	12
30303	17	47	15.25	14	12	10.4	23	25	40	41	43	0.29	2.1	1.2	28.2	27.2	8.5	11
30304	20	52	16.25	15	13	11.1	27	28	44	45	48	0.3	2	1.1	33.0	33.2	7.5	9.5
30305	25	62	18.25	17	15	13	32	34	54	55	58	0.3	2	1.1	46.8	48.0	6.3	8
30306	30	72	20.75	19	16	15.3	37	40	62	65	66	0.31	1.9	1.1	59.0	63.0	5.6	7
30307	35	80	22.75	21	18	16.8	44	45	70	71	74	0.31	1.9	1.1	75.	82.5	5	6.3
30308	40	90	25.25	23	20	19.5	49	52	77	81	84	0.35	1.7	1	90.8	108	4.5	5.6
30309	45	100	27.25	25	22	21.3	54	59	86	91	94	0.35	1.7	1	108	130	4	5
30310	50	110	29.25	27	23	23	60	65	95	100	103	0.35	1.7	1	130	152	3.8	4.8
30311	55	120	31.5	29	25	24.9	65	70	104	110	112	0.35	1.7	1	152	188	3.4	4.3

续表

轴承代号	基本尺寸/mm						安装尺寸/mm					计算系数			基本额定		极限转速/(10^3 r/min)	
															动载荷 C_r	静载荷 C_{or}		
	d	D	T	B	C	a ≈	d_a mix	d_b max	D_a min	D_a max	D_b min	e	Y	Y_o	/kN		脂润	油润
03 尺寸系列																		
30312	60	130	33.5	31	26	26.6	72	76	112	118	121	0.35	1.7	1	170	210	3.2	4
30313	65	140	36	33	28	28.7	77	83	122	128	131	0.35	1.7	1	195	242	2.8	3.6
30314	70	150	38	35	30	30.7	82	89	130	138	141	0.35	1.7	1	218	272	2.6	3.4
30315	75	160	40	37	31	32	87	95	139	148	150	0.35	1.7	1	252	318	2.4	3.2
30316	80	170	42.5	39	33	34.4	92	102	148	158	160	0.35	1.7	1	278	352	2.2	3
30317	85	180	44.5	41	34	35.9	99	107	156	166	168	0.35	1.7	1	305	388	2	2.8
30318	90	190	46.5	43	36	37.5	104	113	165	176	178	0.35	1.7	1	342	440	1.9	2.6
30319	95	200	49.5	45	38	40.1	109	118	172	186	185	0.35	1.7	1	370	478	1.8	2.4
30320	100	215	51.5	47	39	42.2	114	127	184	201	199	0.35	1.7	1	405	525	1.6	2
22 尺寸系列																		
32206	30	62	21.25	20	17	15.6	36	36	52	56	58	0.37	1.6	0.9	51.8	63.8	6	7.5
32207	35	72	24.25	23	19	17.9	42	42	61	65	68	0.37	1.6	0.9	70.5	89.5	5.3	6.7
32208	40	80	24.75	23	19	18.9	47	48	68	73	75	0.37	1.6	0.9	77.8	97.2	5	6.3
32209	45	85	24.75	23	19	20.1	52	53	73	78	81	0.4	1.5	0.8	80.8	105	4.5	5.6
32210	50	90	24.75	23	19	21	57	57	78	83	86	0.42	1.4	0.8	82.8	108	4.3	5.3
32211	55	100	26.75	25	21	22.8	64	62	87	91	96	0.4	1.5	0.8	108	142	3.8	4.8
32212	60	110	29.75	28	24	25	69	68	95	101	105	0.4	1.5	0.8	132	180	3.6	4.5
32213	65	120	32.75	31	27	27.3	74	75	104	111	115	0.4	1.5	0.8	160	222	3.2	4
32214	70	125	33.25	31	27	28.8	79	79	108	116	120	0.42	1.4	0.8	168	238	3	3.8
32215	75	130	33.25	31	27	30	84	84	115	121	126	0.44	1.4	0.8	170	242	2.8	3.6
32216	80	140	35.2	33	28	31.4	90	89	122	130	135	0.42	1.4	0.8	198	278	2.6	3.4
32217	85	150	38.5	36	30	33.9	95	95	130	140	143	0.42	1.4	0.8	228	325	2.4	3.2
32218	90	160	42.5	40	34	36.8	100	101	138	150	153	0.42	1.4	0.8	270	395	2.2	3
32219	95	170	45.5	43	37	39.2	107	106	145	158	163	0.42	1.4	0.8	302	448	2	2.8
32220	100	180	49	46	39	41.9	112	113	154	168	172	0.42	1.4	0.8	340	512	1.9	2.6
23 尺寸系列																		
32303	17	47	20.5	19	16	12.3	23	24	39	41	43	0.29	2.1	1.2	35.2	36.2	8.5	11
32304	20	52	22.5	21	18	13.6	27	26	43	45	48	0.3	2	1.1	42.8	46.2	7.5	9.5
32305	25	62	25.5	24	20	15.9	32	32	52	55	58	0.3	2	1.1	61.5	68.8	6.3	8
32306	30	72	28.75	27	23	18.9	37	38	59	65	66	0.31	1.9	1.1	81.5	96.5	5.6	7
32307	35	80	32.75	31	25	20.4	44	43	66	71	74	0.31	1.9	1.1	99.0	118	5	6.3
32308	40	90	35.25	33	27	23.3	49	49	73	81	83	0.35	1.7	1	115	148	4.5	5.6
32309	45	100	38.2	36	30	25.6	54	56	82	91	93	0.35	1.7	1	145	188	4	5
32310	50	110	42.25	40	33	28.2	60	61	90	90	102	0.35	1.7	1	178	235	3.8	4.8
32311	55	120	45.5	43	35	30.4	65	66	99	99	111	0.35	1.7	1	202	270	3.4	4.3
32312	60	130	48.5	46	37	32	72	72	107	107	122	0.35	1.7	1	228	302	3.2	4
32313	65	140	51	48	39	34.3	77	79	117	117	131	0.35	1.7	1	260	350	2.8	3.6
32314	70	150	54	51	42	36.5	82	84	125	125	141	0.35	1.7	1	298	408	2.6	3.4
32315	75	160	58	55	45	39.4	87	91	133	133	150	0.35	1.7	1	348	482	2.4	3.2
32316	80	170	61.5	58	48	42.1	92	97	142	142	160	0.35	1.7	1	388	542	2.2	3
32317	85	180	63.5	60	49	43.5	99	102	150	150	168	0.35	1.7	1	422	592	2	2.8
32318	90	190	67.5	64	53	46.2	104	107	157	157	178	0.35	1.7	1	478	682	1.9	2.6
32319	95	200	71.5	67	55	49	109	114	166	166	187	0.35	1.7	1	515	738	1.8	2.4
32320	100	215	77.5	73	60	52.9	114	122	177	177	201	0.35	1.7	1	600	872	1.6	2

附表 10.4　圆柱滚子轴承(GB/T 283—1994)

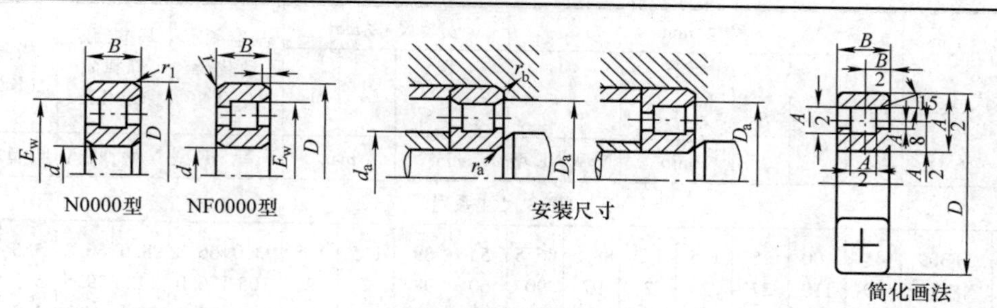

标记示例:N216E GB/T 283—1994

径向当量动载荷		径向当量静载荷
$P_r = F_r$	对轴向承载的轴承(NF 型 2、3 系列) $P_r = F_r + 0.3F_a (0 \leqslant F_a/F_r \leqslant 0.12)$ $P_r = 0.94F_r + 0.8F_a (0.12 \leqslant F_a/F_r \leqslant 0.3)$	$P_{or} = F_r$

轴承代号		尺寸/mm							安装尺寸/mm				基本额定动载荷 C_r/kN		基本额定静载荷 C_{or}/kN		极限转速 /(10^3 r/min)	
		d	D	B	r_s	r_{1s}	E_w		d_a	D_a	r_{as}	r_{bs}						
					min		N 型	NF 型	min		max		N 型	NF 型	N 型	NF 型	脂润	油润
(0)2 尺寸系列																		
N204E	NF204	20	47	14	1	0.6	41.5	40	25	42	1	0.6	25.8	12.5	24.0	11.0	12	16
N205E	NF205	25	52	15	1	0.6	46.5	45	30	47	1	0.6	27.5	14.2	26.8	12.8	10	14
N206E	NF206	30	62	16	1	0.6	55.5	53.5	36	56	1	0.6	36.0	19.5	35.5	18.2	8.5	11
N207E	NF207	35	72	17	1.1	0.6	64	61.8	42	64	1	0.6	46.5	28.5	48.0	28.0	7.5	9.5
N208E	NF208	40	80	18	1.1	1.1	71.5	70	47	72	1	1	51.5	37.5	53.0	38.2	7	9
N209E	NF209	45	85	19	1.1	1.1	76.5	75	52	77	1	1	58.5	39.8	63.8	41.0	6.3	8
N210E	NF210	50	90	20	1.1	1.1	81.5	80.4	57	83	1	1	61.2	43.2	69.2	48.5	6	7.5
N211E	NF211	55	100	21	1.5	1.1	90	88.5	64	91	1.5	1.5	80.2	52.8	95.5	60.2	5.3	6.7
N212E	NF212	60	110	22	1.5	1.5	100	97	69	100	1.5	1.5	89.8	62.8	102	73.5	5	6.3
N213E	NF213	65	120	23	1.5	1.5	108.5	105.5	74	108	1.5	1.5	102	73.2	118	87.5	4.5	5.6
N214E	NF214	70	125	24	1.5	1.5	113.5	110.5	79	114	1.5	1.5	112	73.2	135	87.5	4.3	5.3
N215E	NF215	75	130	25	2	1.5	118.5	118.5	84	120	1.5	1.5	125	89.0	155	110	4	5
N216E	NF216	80	140	26	2	2	127.5	125	90	128	2	2	132	102	165	125	3.8	4.8
N217E	NF217	85	150	28	2	2	136.5	135.5	95	137	2	2	158	115	192	145	3.6	4.5
N218E	NF218	90	160	30	2.1	2	145	143	100	146	2	2	172	142	215	178	3.4	4.3
N219E	NF219	95	170	32	2.1	2.1	154.5	151.5	107	155	2.1	2.1	208	152	262	190	3.2	4
N220E	NF220	100	180	34	2.1	2.1	163	160	112	164	2.1	2.1	235	168	302	212	3	3.8
(0)3 尺寸系列																		
N304E	NF304	20	52	15	1.1	0.6	45.5	44.5	26.5	47	1	0.6	29.0	18.0	25.5	15.0	11	15
N305E	NF305	25	62	17	1.1	1.1	54	53	31.5	55	1	1	38.5	25.5	35.5	22.5	9	12
N306E	NF306	30	72	19	1.1	1.1	62.5	62	37	64	1	1	49.2	33.5	48.2	31.5	8	10
N307E	NF307	35	80	21	1.5	1.1	70.2	68.2	44	71	1.5	1	62.0	41.0	63.5	39.2	7	9
N308E	NF308	40	90	23	1.5	1.5	80	77.5	49	80	1.5	1.5	76.8	48.8	77.8	47.5	6.3	8

续表

轴承代号		尺寸/mm							安装尺寸/mm				基本额定动载荷 C_r/kN		基本额定静载荷 C_{or}/kN		极限转速/(10^3 r/min)	
		d	D	B	r_s	r_{1s}	E_w		d_a	D_a	r_{as}	r_{bs}						
					min		N型	NF型	min		max		N型	NF型	N型	NF型	脂润	油润
(0)3尺寸系列																		
N309E	NF309	45	100	25	1.5	1.5	88.5	86.5	54	89	1.5	1.5	93.0	66.8	98.0	66.8	5.6	7
N310E	NF310	50	110	27	2	2	97	90	60	98	2	2	105	76.0	112	79.5	5.3	6.7
N311E	NF311	55	120	29	2	2	106.5	104.5	65	107	2	2	128	97.8	138	105	4.8	6
N312E	NF312	60	130	31	2.1	2.1	115	113	72	116	2.1	2.1	142	118	155	128	4.5	5.6
N313E	NF313	65	140	33	2.1	124.5	121.5	77	125	2.1	170	125	188	135	4	5		
N314E	NF314	70	150	35	2.1	133	130	82	134	2.1	195	145	220	162	3.8	4.8		
N315E	NF315	75	160	37	2.1	143	139.5	87	143	2.1	228	165	260	188	3.6	4.5		
N316E	NF316	80	170	39	2.1	151	147	92	151	2.1	245	175	282	200	3.4	4.3		
N317E	NF317	85	180	41	3	160	156	99	160	2.5	280	212	332	242	3.2	4		
N318E	NF318	90	190	43	3	169.5	165	104	169	2.5	298	228	348	265	3	3.8		
N319E	NF319	95	200	45	3	177.5	173.5	109	178	2.5	315	245	380	288	2.8	3.6		
N320E	NF320	100	215	47	3	191.5	185.5	114	190	2.5	365	282	425	340	2.6	3.2		
(0)4尺寸系列																		
N406		30	90	23	1.5	1.5	73		39		1.5	57.2		53.0		7	9	
N407		35	100	25	1.5	1.5	83		44		1.5	70.8		68.2		6	7.5	
N408		40	110	27	2	2	92		50		2	90.5		89.8		5.6	7	
N409		45	120	29	2	2	100.5		55		2	102		100		5	6.3	
N410		50	130	31	2.1	2.1	110.8		62		2.1	120		120		4.8	6	
N411		55	140	33	2.1	2.1	117.2		67		2.1	128		132		4.3	5.3	
N412		60	150	35	2.1	2.1	127		72		2.1	155		162		4	5	
N413		65	160	37	2.1	2.1	135.3		77		2.1	170		178		3.8	4.8	
N414		70	180	42	3	3	152		84		2.5	215		232		3.4	4.3	
N415		75	190	45	3	3	160.5		89		2.5	250		272		3.2	4	
N416		80	200	48	3	3	170		94		2.5	285		315		3	3.8	
N417		85	210	52	4	4	179.5		103		3	312		345		2.8	3.6	
N418		90	225	54	4	4	191.5		108		3	352		392		2.4	3.2	
N419		95	240	55	4	4	201.5		113		3	378		428		2.2	3	
N420		100	250	58	4	4	211		118		3	418		480		2	2.8	
22尺寸系列																		
N2204E		20	47	18	1	0.6	41.5		25	42	1	0.6	30.8		30.0		12	16
N2205E		25	52	18	1	0.6	46.5		30	47	1	0.6	32.8		33.8		11	14
N2206E		30	62	20	1	0.6	55.5		36	56	1	0.6	45.5		48.0		8.5	11
N2207E		35	72	23	1.1	0.6	64		42	64	1	0.6	57.5		63.0		7.5	9.5
N2208E		40	80	23	1.1	1.1	71.5		47	72	1	1	67.5		75.2		7	9
N2209E		45	85	23	1.1	1.1	76.5		52	77	1	1	71.0		82.0		6.3	8
N2210E		50	90	23	1.1	1.1	81.5		57	83	1	1	74.2		88.8		6	7.5
N2211E		55	100	25	1.5	1.1	90		64	91	1.5	1	94.8		118		5.3	6.7
N2212E		60	110	28	1.5	1.5	100		69	100	1.5	1.5	122		152		5	6.3

续表

轴承代号	尺寸/mm							安装尺寸/mm				基本额定动载荷 C_r/kN		基本额定静载荷 C_{or}/kN		极限转速/(10^3 r/min)	
	d	D	B	r_s	r_{1s}	E_w		d_a	D_a	r_{as}	r_{bs}						
				min		N 型	NF 型	min		max		N 型	NF 型	N 型	NF 型	脂润	油润
22 尺寸系列																	
N2213E	65	120	31	1.5	1.5	108.5		74	108	1.5	1.5	142		180		4.5	5.6
N2214E	70	125	31	1.5	1.5	113.5		79	114	1.5	1.5	148		192		4.3	5.3
N2215E	75	130	31	1.5	1.5	118.5		84	120	1.5	1.5	155		205		4	5
N2216E	80	140	33	2	2	127.3		90	128	2	2	178		242		3.8	4.8
N2217E	85	150	36	2	2	136.5		95	137	2	2	2.5		272		3.6	4.5
N2218E	90	160	40	2	2	145		100	146	2	2	230		312		3.4	4.3
N2219E	95	170	43	2.1	2.1	154.5		107	155	2.1	2.1	275		368		3.2	4
N2220E	100	180	46	2.1	2.1	163		112	164	2.1	2.1	318		440		3	3.8

注:(1)表中 C_r 值适用于轴承为真空托气轴承钢材料。如为普通电炉钢,C_r 值降低;如为真空重熔或电渣重熔轴承钢,C_r 值提高。

(2)r_{amin}、r_{1smin} 分别为 r、r_1 的单向最小倒角尺寸,r_{asmax} 为 r_{as} 的单向最大倒角尺寸。

(3)后缀带 E 为加强型圆柱滚子轴承,应优先选用。

附表 10.5 推力球轴承(GB/T 301—1995)

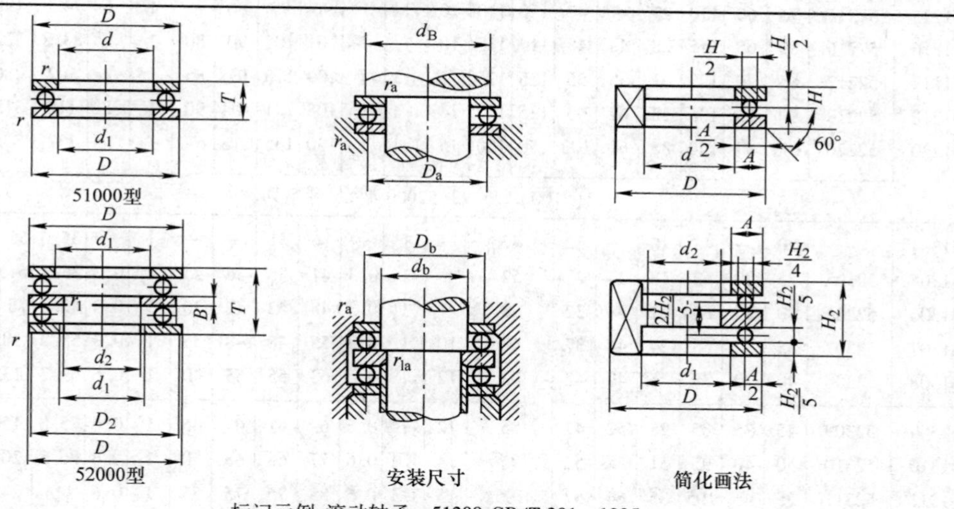

51000型　52000型　安装尺寸　简化画法

标记示例:滚动轴承　51208 GB/T 301—1995

轴向当量动载荷　$P_a=F_a$

轴向当量静载荷　$P_o=F_a$

轴承代号		基本尺寸/mm											安装尺寸/mm						基本额定		极限转速/(10^3 r/min)	
		d	d_2	D	T	T_1	d_1 min	D_1 max	D_2 max	B	r_a min	r_{1s} min	d_a min	D_a max	D_b min	d_b max	r_{as} max	r_{1as} max	动载荷 C_a	静载荷 C_{oa}		
																			kN		脂润	油润
12(51000 型)、22(52000 型)尺寸系列																						
51200	—	10	—	26	11	—	12	26	—	—	0.6	—	20	19	17	—	0.6	—	12.5	17.0	6	8
51201	—	12	—	28	11	—	14	28	—	—	0.6	—	22	21	19	—	0.6	—	13.2	19.0	5.3	7.5
51202	52202	15	10	32	12	22	17	32	32	5	0.6	0.3	25	25	22	15	0.6	0.3	16.5	24.8	4.8	6.7
51203	—	17	—	35	12	—	19	35	—	—	0.6	-	28	28	25	-	0.6	—	17	27.2	4.5	6.3
51204	52204	20	15	40	14	26	22	40	40	6	0.6	0.3	32	32	28	20	0.6	0.3	22.2	37.5	3.8	5.3

续表

轴承代号		基本尺寸/mm											安装尺寸/mm						基本额定		极限转速/(10^3 r/min)	
		d	d_2	D	T	T_1	d_1 min	D_1 max	D_2 max	B	r_a min	r_{1s} min	d_a min	D_a max	D_b min	d_b max	r_{as} max	r_{1as} max	动载荷 C_a	静载荷 C_{oa}	脂润	油润
																			kN			
12(51000型)、22(52000型)尺寸系列																						
51205	52205	25	20	47	15	28	28	47	47	7	0.6	0.3	38	38	34	25	0.6	0.3	27.8	50.5	3.4	4.8
51206	52206	30	25	52	16	29	29	52	52	7	0.6	0.3	43	44	38	30	0.6	0.3	28.0	54.2	3.2	4.5
51207	52207	35	30	62	18	34	34	62	62	8	1	0.3	51	52	45	35	1	0.3	39.2	78.2	2.8	4
51208	52208	40	30	68	19	36	36	68	68	9	1	0.6	57	58	50	40	1	0.6	47.0	98.2	2.4	3.6
51209	52209	45	35	73	20	37	37	73	73	9	1	0.6	62	63	55	45	1	0.6	47.8	105	2.2	3.4
51210	52210	50	40	78	22	39	39	78	78	9	1	0.6	67	69	59	50	1	0.6	48.5	112	2	3.2
51211	52211	55	45	90	25	45	45	90	90	10	1	0.6	76	78	67	55	1	0.6	67.5	158	1.9	3
51212	52212	60	50	95	26	46	46	95	95	10	1	0.6	81	83	72	60	1	0.6	73.5	178	1.8	2.8
51213	52213	65	55	100	27	47	47	100	100	10	1	0.6	86	89	76	65	1	0.6	74.8	188	1.7	2.6
51214	52214	70	55	105	27	47	47	105	105	10	1	1	91	94	81	70	1	1	73.5	188	1.6	2.4
51215	52215	75	60	110	27	47	47	110	110	10	1	1	96	99	86	75	1	1	74.8	198	1.5	2.2
51216	52216	80	65	115	28	48	48	115	115	10	1	1	101	105	90	80	1	1	83.8	222	1.4	2
51217	52217	85	70	125	31	55	55	125	125	12	1	1	109	113	97	85	1	1	102	280	1.3	1.9
51218	52218	90	75	135	35	62	93	135	135	14	1.1	1	108	121	104	90	1	1	115	315	1.2	1.8
51220	52220	100	85	150	38	67	103	150	150	15	1.1	1	130	135	116	100	1	1	132	375	1.1	1.7
13(51000型)、22(52000型)尺寸系列																						
51304	—	20	—	47	18	—	22	47		—	1	—	36	31	—	—	1	—	35.0	55.8	3.6	2.6
51305	52305	25	20	52	18	34	27	52		8	1	0.3	41	36	36	25	1	0.3	35.5	61.5	3	4.3
51306	52306	30	25	60	21	38	32	60		9	1	0.3	48	42	42	30	1	0.3	42.8	78.5	2.4	3.6
51307	52307	35	30	68	24	44	37	68		10	1	0.3	55	48	48	35	1	0.3	55.2	105	2	3.2
51308	52308	40	30	78	26	49	42	78		12	1	0.6	63	55	55	40	1	0.6	69.2	135	1.9	3
51309	52309	45	35	85	28	52	47	85		12	1	0.6	69	61	61	45	1	0.6	75.8	150	1.7	2.6
51310	52310	50	40	95	31	58	52	95		14	1.1	0.6	77	68	68	50	1	0.6	96.5	202	1.6	2.4
51311	52311	55	45	105	35	64	57	105		15	1.1	0.6	85	75	75	55	1	0.6	115	242	1.5	2.2
51312	52312	60	50	110	35	64	62	110		15	1.1	0.6	90	80	80	60	1	0.6	118	262	1.4	2
51313	52313	65	55	115	36	65	67	115		15	1.1	0.6	95	85	85	65	1	0.6	115	262	1.3	1.9
51314	52314	70	55	125	40	72	72	125		16	1.1	1	103	92	92	70	1	1	148	340	1.2	1.8
51315	52315	75	60	135	44	79	77	135		18	1.5	1	111	99	99	75	1.5	1	162	380	1.1	1.7
51316	52316	80	65	140	44	79	82	140		18	1.5	1	116	104	104	80	1.5	1	160	380	1	1.6
51317	52317	85	70	150	48	87	88	150		19	1.5	1	124	114	114	85	1.5	1	208	495	0.95	1.5
51318	52318	90	75	155	50	88	93	155		19	1.5	1	129	116	116	90	1.5	1	205	495	0.9	1.4
51320	52320	100	80	170	55	97	103	170		21	1.5	1	142	128	128	100	1.5	1	235	595	0.8	1.2

续表

轴承代号		基本尺寸/mm											安装尺寸/mm						基本额定		极限转速/(10^3 r/min)	
		d	d_2	D	T	T_1	d_1 min	D_1 max	D_2 max	B	r_a min	r_{1s} min	d_a min	D_a max	D_b min	d_b max	r_{as} max	r_{1as} max	动载荷 C_a	静载荷 C_{oa}		
																			kN		脂润	油润
14(51000 型)、24(52000 型)尺寸系列																						
51405	52405	25	15	60	24	45	27	60		11	1	0.6	45	40	40	25	1	0.6	55.5	89.2	2.2	3.4
51406	52406	30	20	70	28	52	32	70		12	1	0.6	54	47	47	30	1	0.6	72.5	125	1.9	3
51407	52407	35	25	80	32	59	37	80		14	1.1	0.6	62	53	53	35	1	0.6	86.5	155	1.7	2.6
51408	52408	40	30	90	36	65	42	90		15	1.1	0.6	70	60	60	40	1	0.6	112	205	1.5	2.2
51409	52409	45	35	100	39	72	47	100		17	1.1	0.6	78	67	67	45	1	0.6	140	262	1.4	2
51410	52410	50	40	110	43	78	52	110		18	1.5	0.6	86	74	74	50	1.5	0.6	160	302	1.3	1.9
51411	52411	55	45	120	48	87	57	120		20	1.5	0.6	94	81	81	55	1.5	0.6	182	355	1.1	1.7
51412	52412	60	50	130	51	93	62	130		21	1.5	0.6	102	88	88	60	1.5	0.6	200	395	1	1.6
51413	52413	65	50	140	56	101	68	140		23	2	1	110	95	95	65	2.0	1	215	448	0.9	1.4
51414	52414	70	55	150	60	107	73	150		24	2	1	118	102	102	70	2.0	1	255	560	0.85	1.3
51415	52415	75	60	160	65	115	78	160		26	2	1	126	109	109	75	2.0	1	268	615	0.8	1.2
51416	—	80	—	170	68	—	83	170		—	–	—	—	—	—	—	2.1	—	292	692	0.75	1.1
51417	52417	85	65	180	72	128	88	177		29	2.1	1.1	143	122	122	85	2.1	1	318	782	0.7	1
51418	52418	90	70	190	77	135	93	187		30	2.1	1.1	151	129	129	90	2.1	1	325	825	0.67	0.95
51420	52420	100	80	210	85	150	103	205		33	3	1.1	167	143	143	100	2.5	1	400	1080	0.6	0.85

注:(1)表中 C_r 值适用于轴承为真空托气轴承钢材料。如为普通电炉钢,C_r 值降低,如为真空重熔或电渣重熔轴承钢,C_r 值提高。

(2)r_{smin} 为单向最小倒角尺寸;r_{asmax} 为 r_{as} 的单向最大倒角尺寸。

10.2 滚动轴承的配合

附表 10.6 安装向心轴承的轴公差带代号

圆柱孔轴承						
运转状态		负荷状态	深沟球轴承、调心球轴承和角接触球轴承	圆锥滚子轴承和圆锥滚子轴承	调心滚子轴承	公差带
说明	举例		轴承公称轴径/mm			
旋转的内圈负荷及摆动负荷	一般通用机械、电动机、机床主轴、泵、内燃机、正齿轮传动装置、铁路机车车辆轴箱、破碎机等	轻负荷	≤18 >18~100 >100~200 —	— ≤40 >40~140 >140~200	— ≤40 >40~100 >100~200	h5 j6① k6① m6①
		正常负荷	≤18 >18~100 >100~140 >140~200 >200~280 — —	— ≤40 >40~100 >100~140 >140~200 >200~400 —	— ≤40 >40~65 >65~100 >100~140 >140~280 >280~500	j5 js5 k5② m5② m6 n6 p6 r6
		重负荷		>50~100 >140~200 >200 —	>50~100 >100~140 >140~200 >200	n6 p6③ r6 r7

续表

说明	举例		轴承公称轴径/mm	
固定的内圈负荷	静止轴上的各种轮子、张紧轮绳轮、振动筛、惯性振动器	所有负荷	所有尺寸	f6 g6① h6 j6
仅有轴向负荷			所有尺寸	j6、js6
圆锥孔轴承				
所有负荷	铁路机车车辆轴箱		装在退卸套上的所有尺寸	h8(IT6)⑤④
	一般机械传动		装在紧定套上的所有尺寸	h6(IT7)⑤④

注:(1)凡对精度有较高要求的场合,应用j5、k5……代替j6、k6……

(2)圆锥滚子轴承、角接触球轴承配合对游隙影响不大,可用k6、m5代替k5、m5。

(3)重负荷下轴承游隙应大于0组。

(4)凡有较高精度或转速要求的场合,应选用h7(IT5)代替h8(IT6)等。

(5)IT6、IT7表示圆柱度公差值。

附表10.7 向心轴承和外壳的配合 孔公差带代号(GB/T 275—1993)

运转状态		负荷状态	其他状况	公差带①	
说明	举例		球轴承	球轴承	滚子轴承
固定的外圈负荷	一般机械、铁路机车车辆轴箱、电动机、泵、曲轴主轴承	轻、正常、重	H7、G7②	H7、G7②	
		冲击	J7、Js7	J7、Js7	
摆动负荷		轻、正常			
		正常、重	K7	K7	
		冲击		M7	
旋转的外圈负荷	张紧滑轮、轮毂轴承	轻		J7	K7
		正常		K7、M7	M7、N7
		重		—	N7P7

注:(1)并列公差带随尺寸的增大从左到右选择,对旋转精度有较高要求时,可相应提高一个公差等级。

(2)不适用于剖分式外壳。

附表10.8 配合面-轴和外壳的形位公差(GB/T 275—1993)

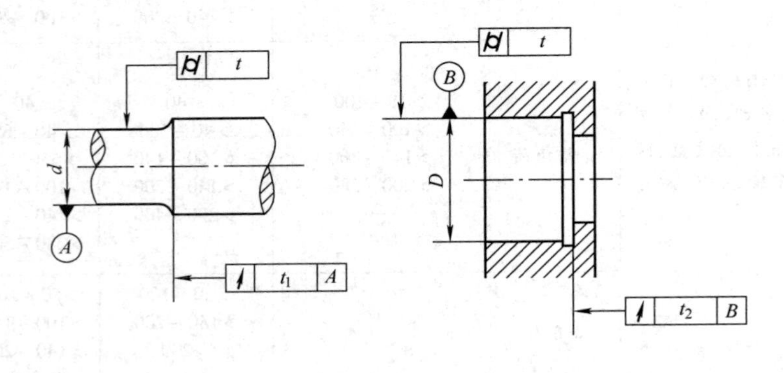

续表

基本尺寸/mm		圆柱度 t				端面圆跳动 t_1			
		轴径		外壳孔		轴肩		外壳孔肩	
		轴承公差等级							
		/P0	/P6(/P6x)	/P0	/P6(/P6x)	/P0	/P6(/P6x)	/P0	/P6(/P6x)
大于	到	公差值/μm							
	6	2.5	1.5	4	2.5	5	3	8	5
6	10	2.5	1.5	4	2.5	6	4	10	6
10	18	3.0	2.0	5	3.0	8	5	12	8
18	30	4.0	2.5	6	4.0	10	6	15	10
30	50	4.0	2.5	7	4.0	12	8	20	12
50	80	5.0	3.0	8	5.0	15	10	25	15
80	120	6.0	4.0	10	6.0	15	10	25	15
120	180	8.0	5.0	12	8.0	20	12	30	20
180	250	10.0	7.0	14	10.0	20	12	30	20
250	315	12.0	8.0	16	12.0	25	15	40	25
315	400	13.0	9.0	18	13.0	25	15	40	25
400	500	15.0	1.0	20	15.0	25	15	40	25

附表 10.9 配合表面的表面结构 μm

轴或轴承座直径/mm		轴或外壳配合表面直径公差等级								
		IT7			IT6			IT5		
		表面粗糙度								
超过	到	*Rz*	*Ra*		*Rz*	*Ra*		*Rz*	*Ra*	
			磨	车		磨	车		磨	车
	80	10	1.6	3.2	6.3	0.8	1.6	4	0.4	0.8
80	500	16	1.6	3.2	10	1.6	3.2	6.3	0.8	1.6
端面		25	3.2	6.3	25	3.2	6.3	10	1.6	1.6

附录11　减速器装配图常见错误示例

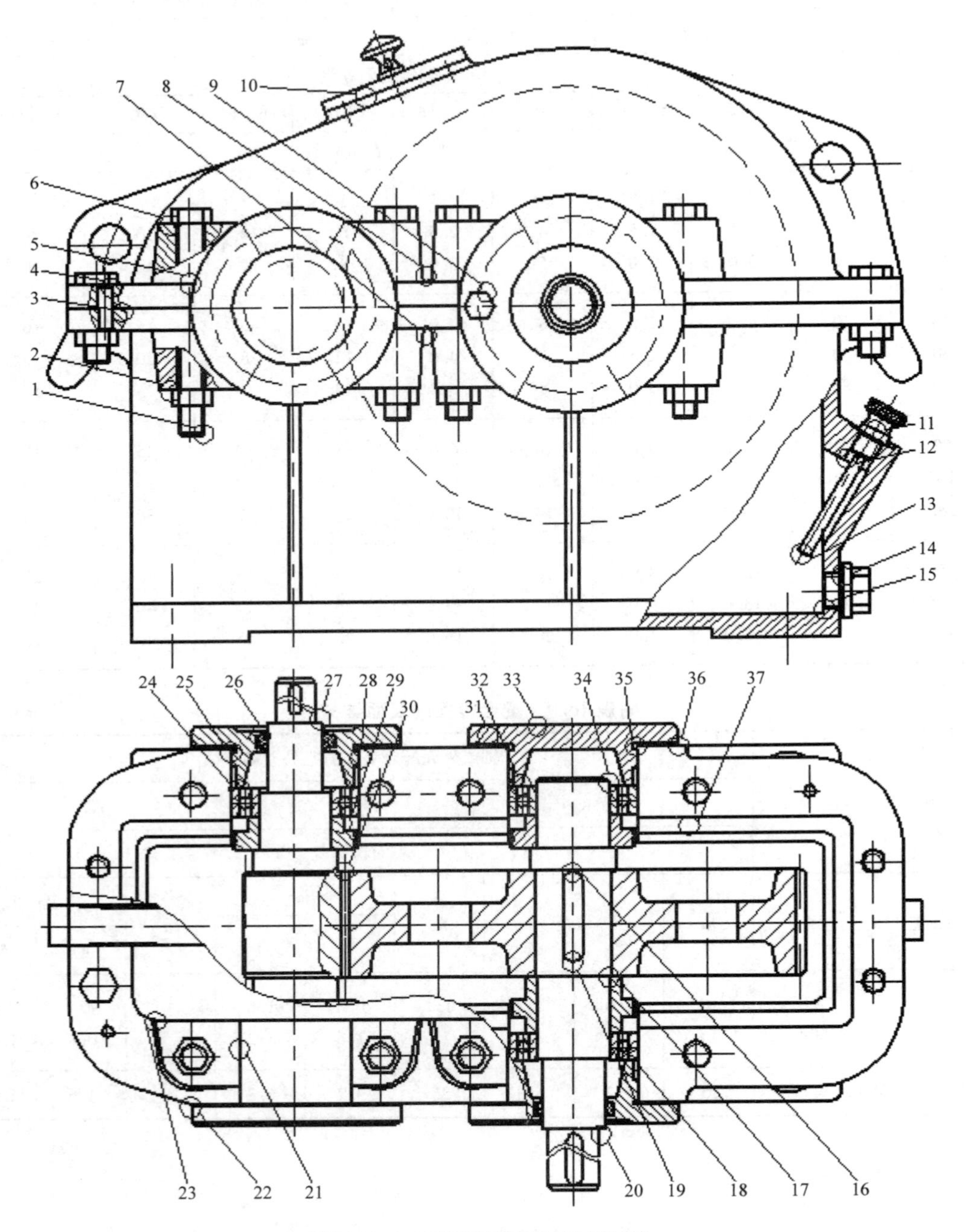

附图11.1　减速器装配图常见错误

附图11.1常见错误解释如下。

① 螺栓出头太长。

② 没有加工凸台沉头座,没有加弹簧垫片。

③ 相邻零件剖面线方向不应一致。
④ 为拆装方便,定位销应出头。
⑤ 投影线不正确。
⑥ 没有加工凸台沉头座。
⑦、⑧ 箱体两凸台相距太近,铸造工艺性不好,造型时出现尖砂。
⑨ 螺栓不能拧在剖分面上。
⑩ 透视孔太小,且应开在两齿轮啮合处;没有加垫片密封。
⑪ 油标尺座孔不够倾斜,无法进行加工和装卸。
⑫ 缺少螺纹线。
⑬ 油标尺太短,测不到下油面。
⑭ 垫片孔径太小,螺塞无法拧入。
⑮ 油塞孔位置太高,油不易流出,且螺纹孔长度太短,容易漏油。
⑯ 键的位置紧贴轴肩,加大了轴肩处的应力集中。
⑰ 轴与齿轮轮毂的配合同长,轴套不能固定齿轮。
⑱、㉔ 、㉜ 轴承端盖与轴承接触部分过高,不利于轴承转动。
⑲ 齿轮轮毂上的键槽,在装配时不易对准轴上的键。
⑳、㉗ 箱外传动件与箱体端盖相距太近,不便端盖螺钉拆卸。
㉑、㉓凸台投影线不正确。
㉒ 箱体两侧轴承孔端面没有突起的加工面,轴承端盖处没装垫片。
㉕ 垫片孔径太小,轴承端盖无法装入。
㉖ 轴承端盖孔径与轴径相等,端盖不易装入。
㉘ 轴承端盖与轴承座孔配合面太短。
㉙ 挡油环与轴承接触部分过高,不利于轴承转动。
㉚ 大小齿轮同宽,很难调整两齿轮在全齿面上啮合,并且齿轮没有倒角。
㉛ 投影不正确。
㉝ 应减小轴承端盖加工面积。
㉞ 轴段太长,有弊无益。
㉟ 缺少投影线。
㊱ 轴承座孔端面的凸起加工面太大。
㊲ 脂润滑轴承不用油沟。

附录12 参考图例

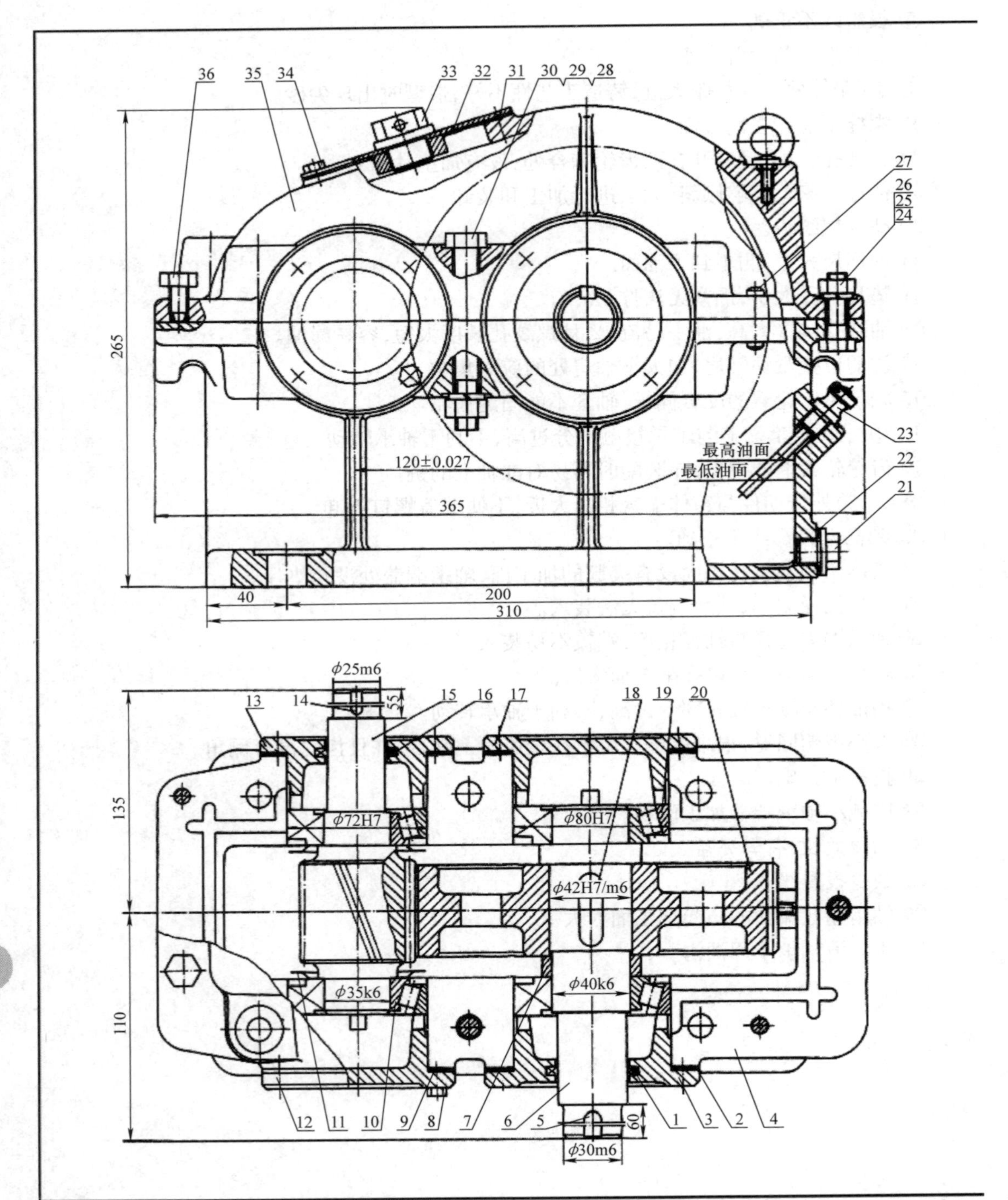

图12.1 单级圆柱

(采用外肋式、凸缘端盖

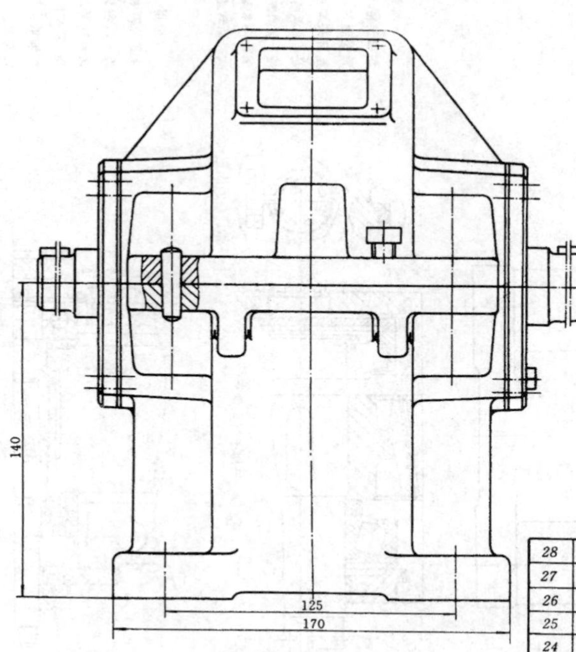

技术特性

输入功率 kW	输入轴转速 r/min	传动比 i
4.5	960	3.56

技术要求

1. 装配前，滚动轴承用汽油清洗.其它零件用煤油清洗，箱体内不允许有任何杂物存在，箱体内壁涂耐油油漆；
2. 齿轮副的侧隙用铅丝检验，侧隙值应不小于0.14mm；
3. 滚动轴承的轴向调整间隙均为0.05～0.1mm；
4. 齿轮装配后，用涂色法检验齿面接触斑点，沿齿高不小于45%，沿齿长不小于60%；
5. 减速器剖分面涂密封胶或水玻璃，不允许使用任何填料；
6. 减速器内装N150号工业齿轮油(GB5903－86)，油量应达到规定高度；
7. 减速器外表面涂灰色油漆。

序号	零件名称	数量	材　料	规格及标准代号	备注
36	起盖螺钉	1	Q235	M10×1920	
35	箱　盖	1	HT200		
34	螺　钉	4	Q235	GB5783－1986 M6×20	
33	通气器	1	Q235		
32	视孔盖	1	Q235		
31	垫　片	1	软钢纸板		
30	弹簧垫圈	6	65Mn	垫圈GB93－1987 12	
29	螺　母	6	Q235	GB6170－1986 M12	
28	螺　栓	6	Q235	GB5782－1986 M12×100	
27	圆锥销	2	35	销 GB117－1986 B8×35	
26	弹簧垫圈	1	65Mn	垫圈 GB93－1987 10	
25	螺　母	1	Q235	GB6170－1986 M10	
24	螺　栓	1	Q235	GB5782－1986 M10×40	
23	油标尺			组合件	
22	封油圈	1	石棉橡胶纸		
21	油　塞	1	Q235		
20	大齿轮	1	45	$m_n=2.5, z=71$	
19	圆锥滚子轴承	2		7208E GB297－1984	
18	键	1	45	键 12×40 GB1096－1979	
17	轴承盖	1	HT200		
16	毡　圈	1	半粗羊毛毡	毡圈 30FJ145－1979	
15	齿轮轴	1	45	$m_n=2.5, z=20$	
14	键	1	45	键C8×50 GB1096－1979	
13	轴承盖	1	HT200		
12	轴承盖	1	HT200		
11	挡油盘	2	Q235		
10	圆锥滚子轴承	2		7207E GB297－1984	
9	调整垫片	2组	08F		
8	螺　钉	16	Q235	GB5783－86 M8×25	
7	轴　套	1	45		
6	轴	1	45		
5	键	1	45	键 C8×55 GB1096－1979	
4	毡　圈	1	半粗羊毛毡	毡圈 35FJ145－1979	
3	轴承盖	1	HT200		
2	调整垫片	2组	08F		
1	箱　座	1	HT200		

单级圆柱齿轮减速器		比例		图号	
		数量		重量	
设计	年　月	机械设计课程设计		(校　名) (班　号)	
审核					

齿轮减速器(一)

结构，轴承用油润滑)

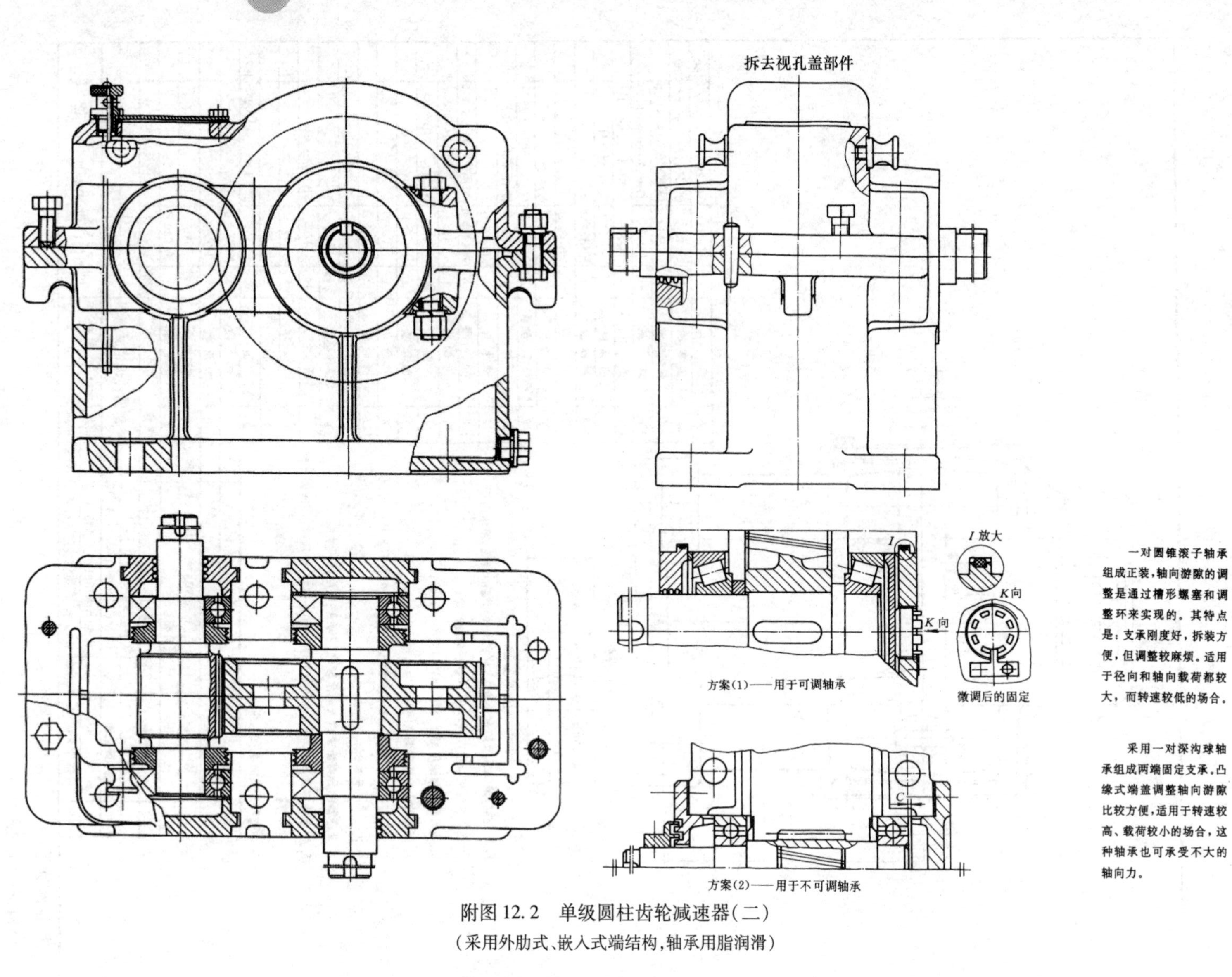

附图 12.2　单级圆柱齿轮减速器(二)

(采用外肋式、嵌入式端结构,轴承用脂润滑)

一对圆锥滚子轴承组成正装,轴向游隙的调整是通过槽形螺塞和调整环来实现的。其特点是:支承刚度好,拆装方便,但调整较麻烦。适用于径向和轴向载荷都较大,而转速较低的场合。

采用一对深沟球轴承组成两端固定支承。凸缘式端盖调整轴向游隙比较方便,适用于转速较高、载荷较小的场合,这种轴承也可承受不大的轴向力。

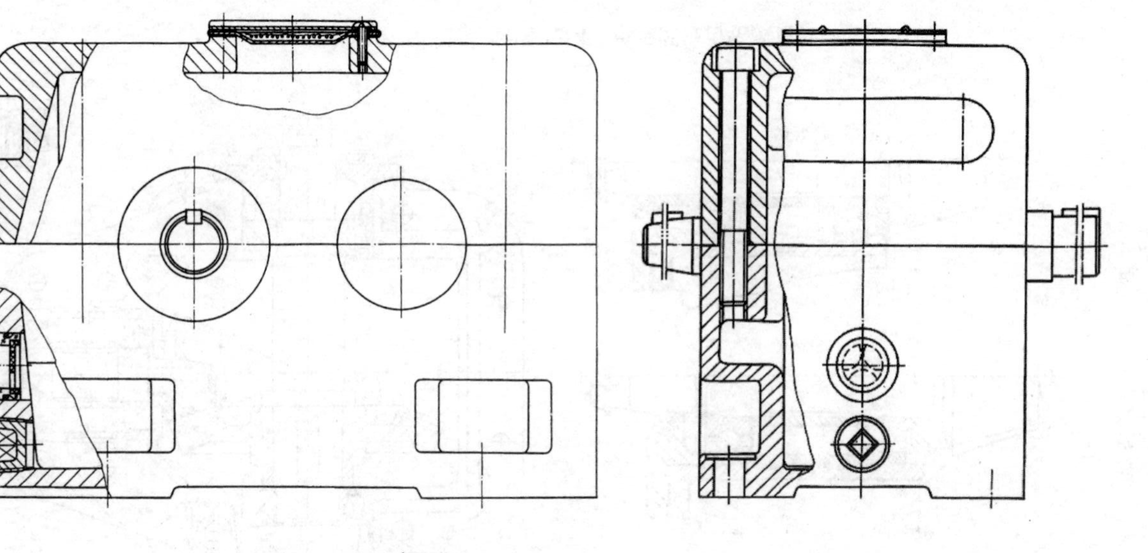

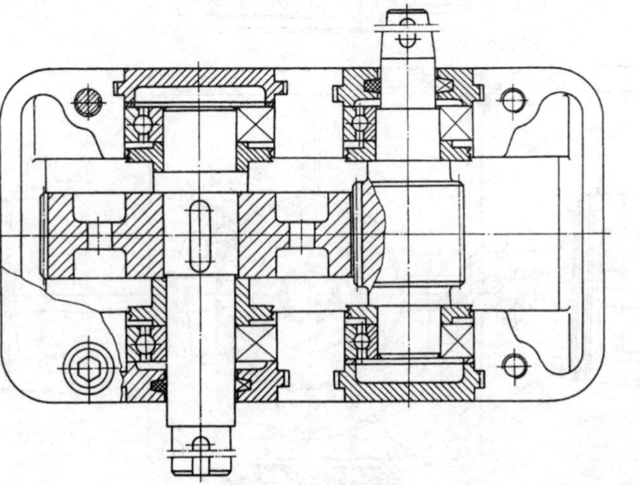

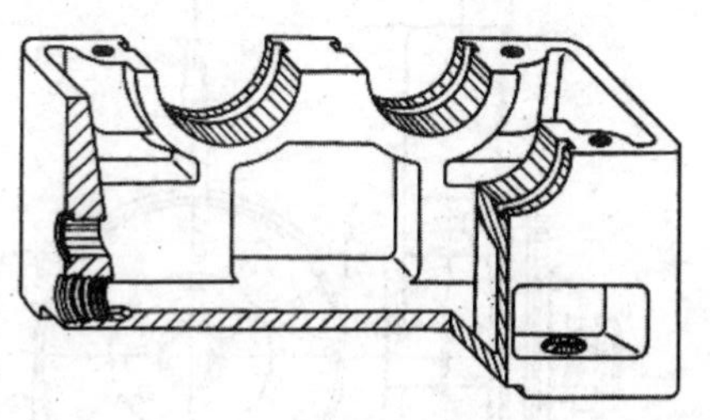

由于采用了内助式结构、嵌入式端盖和内六角螺钉连接等一系列措施，因此，在一定程度上反映了当前减速器箱体设计方形化的发展均势。

附图 12.3　单级圆柱齿轮减速器(三)

(采用内肋式、嵌入式端结构，轴承用脂润滑)

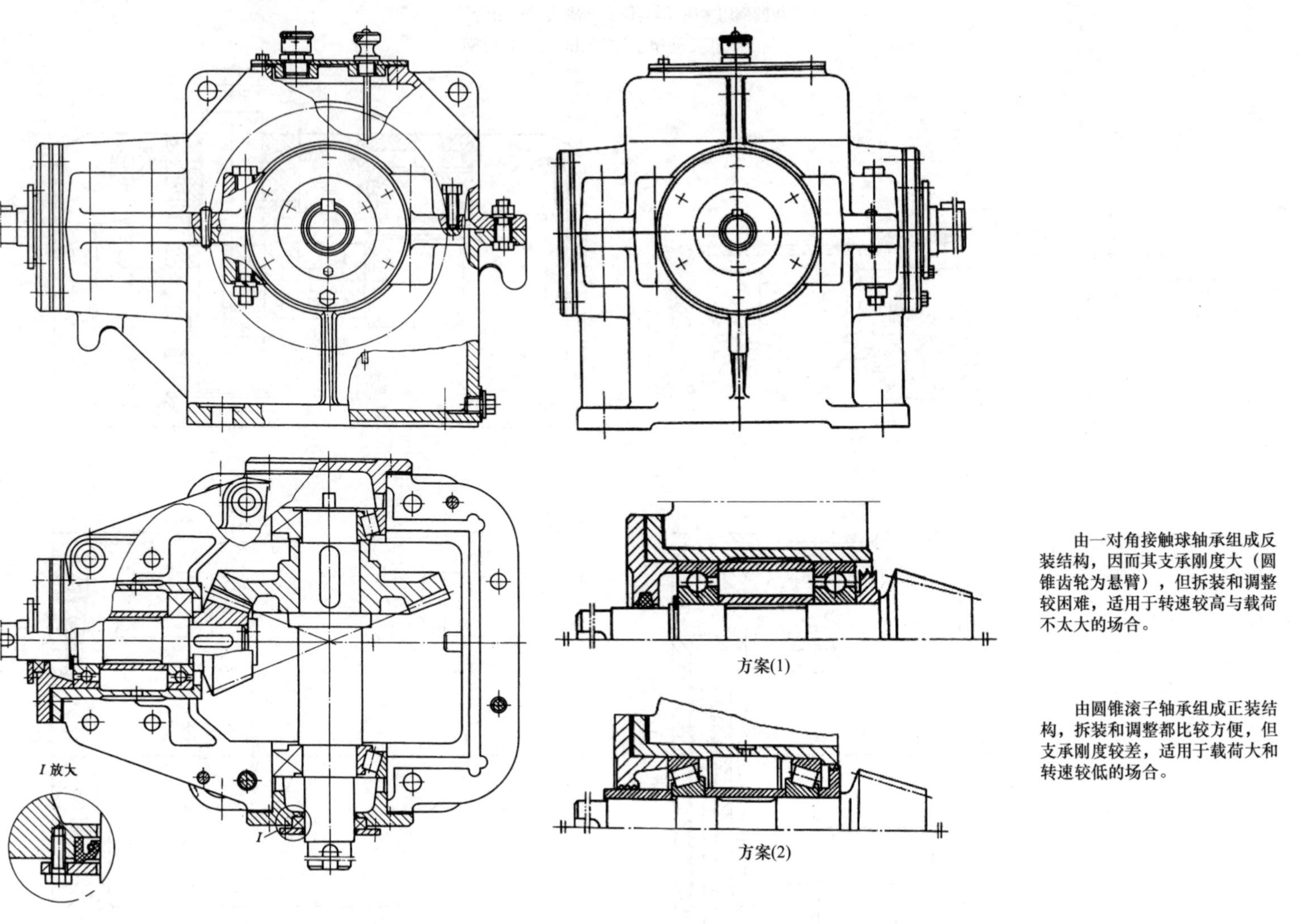

由一对角接触球轴承组成反装结构，因而其支承刚度大（圆锥齿轮为悬臂），但拆装和调整较困难，适用于转速较高与载荷不太大的场合。

由圆锥滚子轴承组成正装结构，拆装和调整都比较方便，但支承刚度较差，适用于载荷大和转速较低的场合。

附图 12.4　单级圆锥齿轮减速器

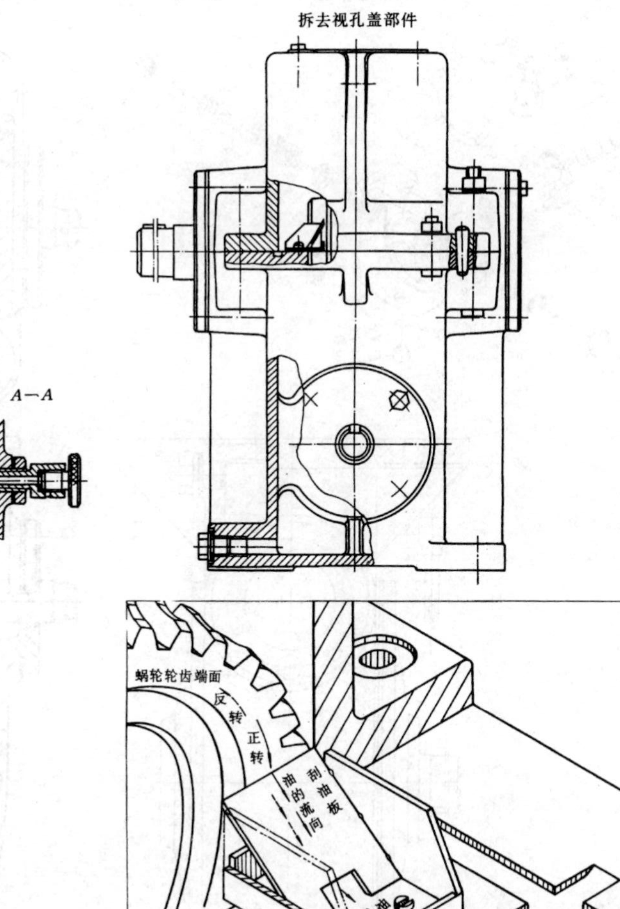

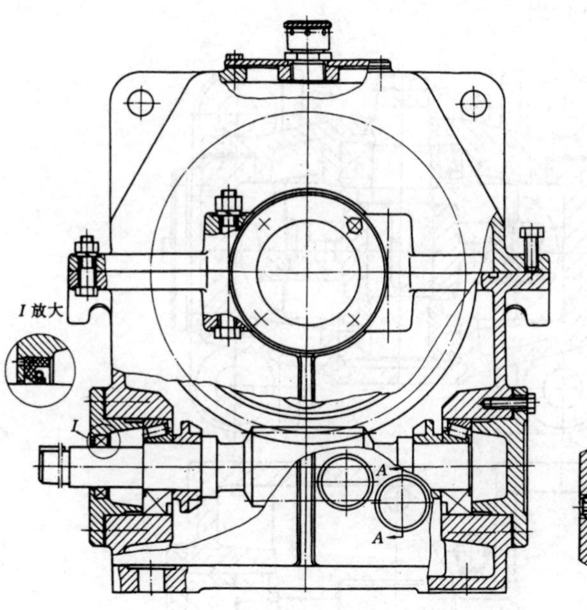

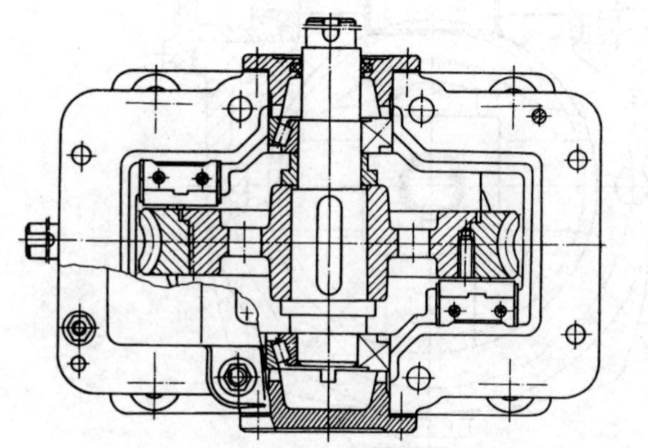

由于刮油板上方与蜗轮端面间的距离≤0.5mm，因此当蜗轮正转时（如实线箭头所指方向），可将蜗轮端面上的稀油刮到斜置的刮油板正面（即上面），并经油池、导油沟流至蜗轮轴的两端轴承内；当蜗轮反转时（图中虚线箭头所指方向），则可将油从刮油板的反面(或下面）刮下，并经刮油板下方的缺口流至导油沟，使轴承也能得到润滑。

附图 12.5　单级蜗杆减速器(一)(蜗杆下置式)

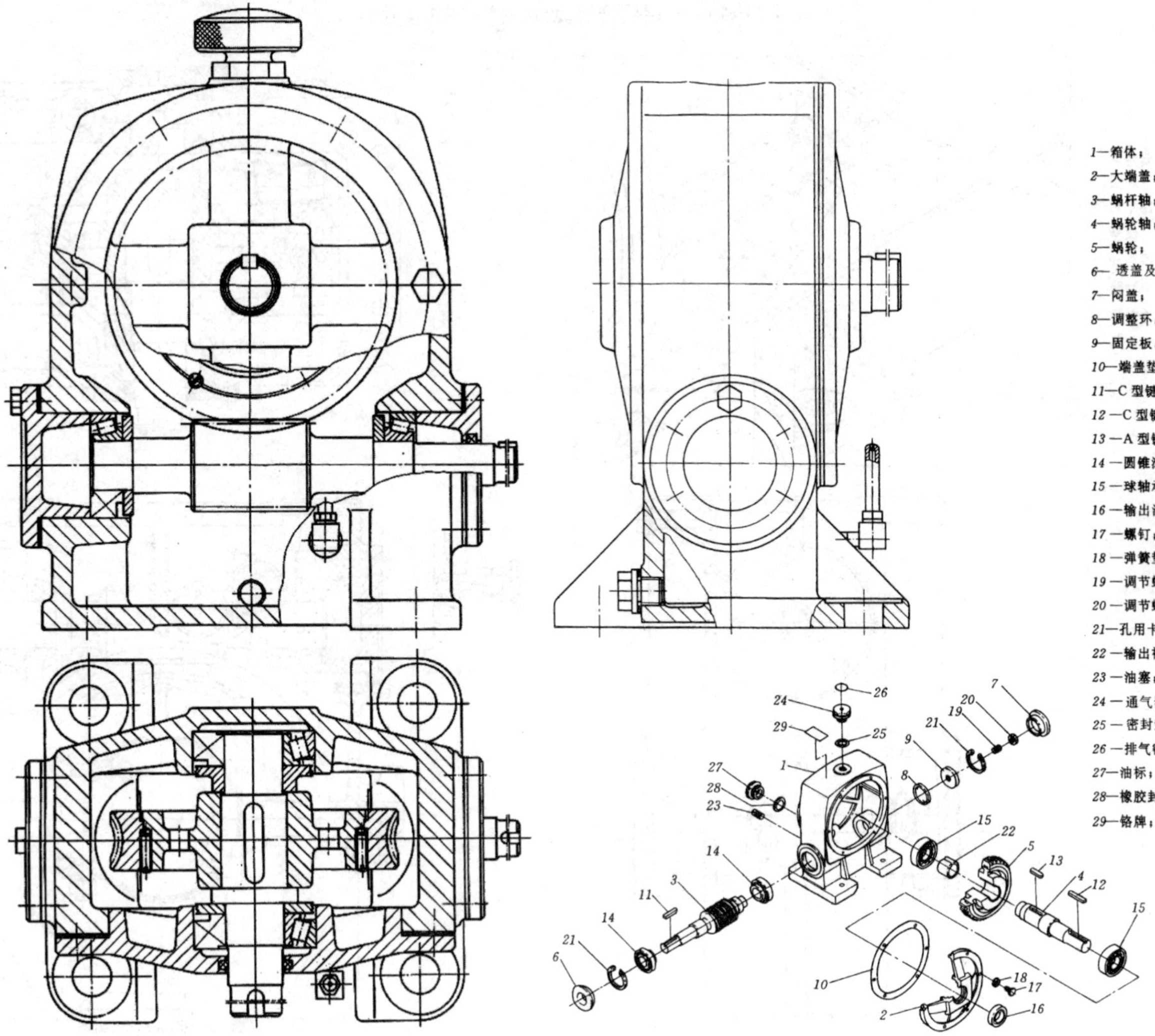

1—箱体；
2—大端盖；
3—蜗杆轴；
4—蜗轮轴；
5—蜗轮；
6— 透盖及油封；
7—闷盖；
8—调整环；
9—固定板；
10—端盖垫片；
11—C 型键；
12 —C 型键；
13 —A 型键；
14 —圆锥滚子轴承；
15 —球轴承；
16 —输出油封；
17 —螺钉；
18 —弹簧垫圈；
19 —调节螺钉；
20 —调节螺母；
21—孔用卡圈；
22 —输出衬套；
23 —油塞；
24 — 通气器；
25 — 密封垫；
26 —排气密封；
27—油标；
28—橡胶封圈；
29—铭牌；

附图 12.6　单级蜗杆减速器(二)(大端盖结构)

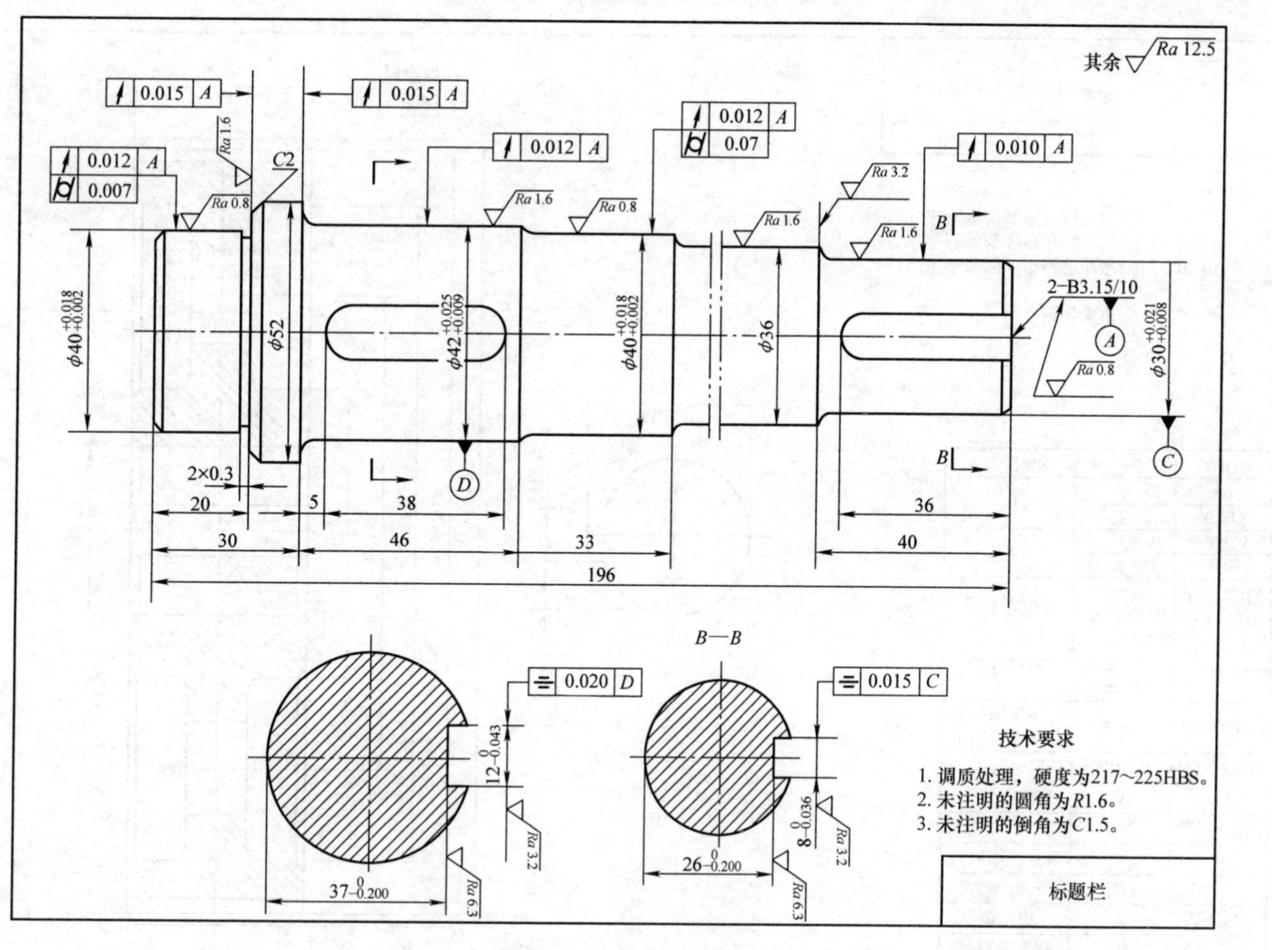

附图 12.7 轴零件工作图

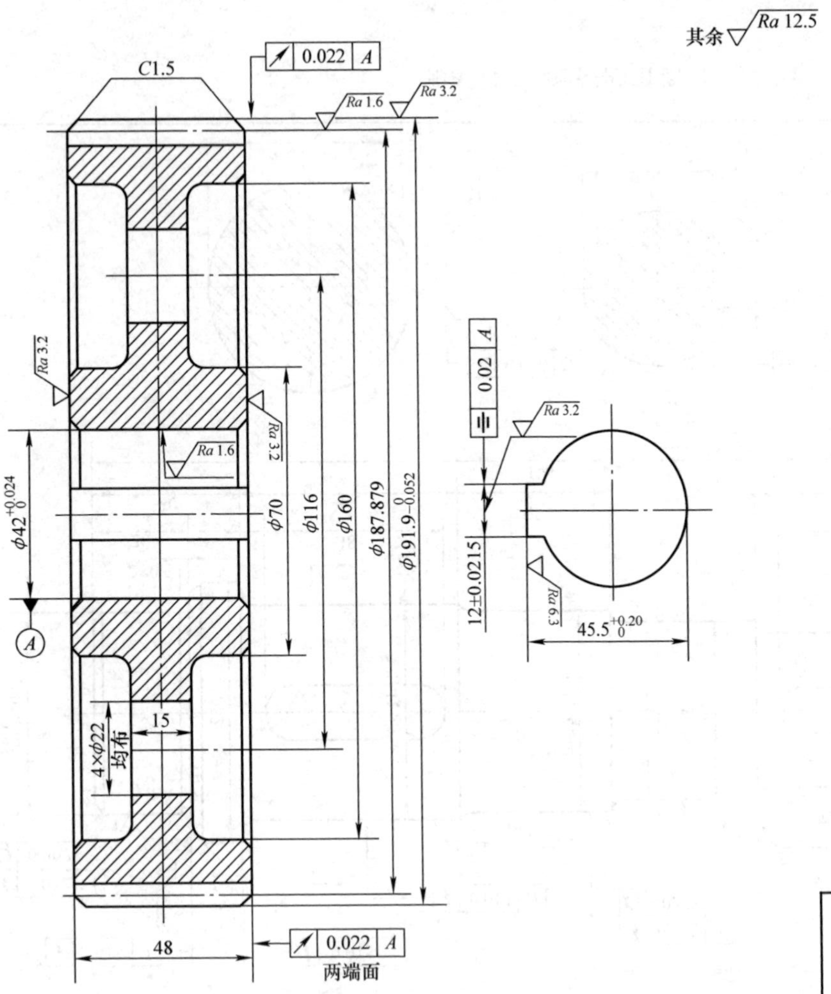
其余 Ra 12.5
0.022 A
C1.5
Ra 1.6
Ra 3.2
Ra 3.2
Ra 3.2
Ra 1.6
φ42 +0.024 0
A
φ70
φ116
φ160
φ187.879
φ191.9 0 -0.052
15
4×φ22 均布
48
0.022 A
两端面
0.02 A
Ra 3.2
12±0.0215
Ra 6.3
45.5 +0.20 0

法向模数	m_n	2
齿数	z	93
齿形角	α	20°
齿顶高系数	h_a^*	1
螺旋角	β	8°6′34″
螺旋方向	右旋	
径向变位系数	x	0
公法线长度及其偏差	W_n	$64.675_{-0.168}^{-0.108}$
跨测齿数	K	11
精度等级	7HK(GB100095—1988)	
齿轮副中心距及其极限偏差	$a \pm f_a$	120±0.027
配对齿轮	图 号	
	齿 数	28
公差组	检验项目代号	公差(或极限偏差)值
Ⅰ	F_r	0.05
	F_w	0.036
Ⅱ	F_1	0.013
	f_{pr}	±0.016
Ⅲ	F_p	0.016

技术要求

1. 正火处理，齿面硬度为180～210HBS。
2. 未注明的倒角为C2。
3. 未注明的圆角半径为R5。

标题栏

附图 12.8　斜齿圆柱齿轮零件工作图

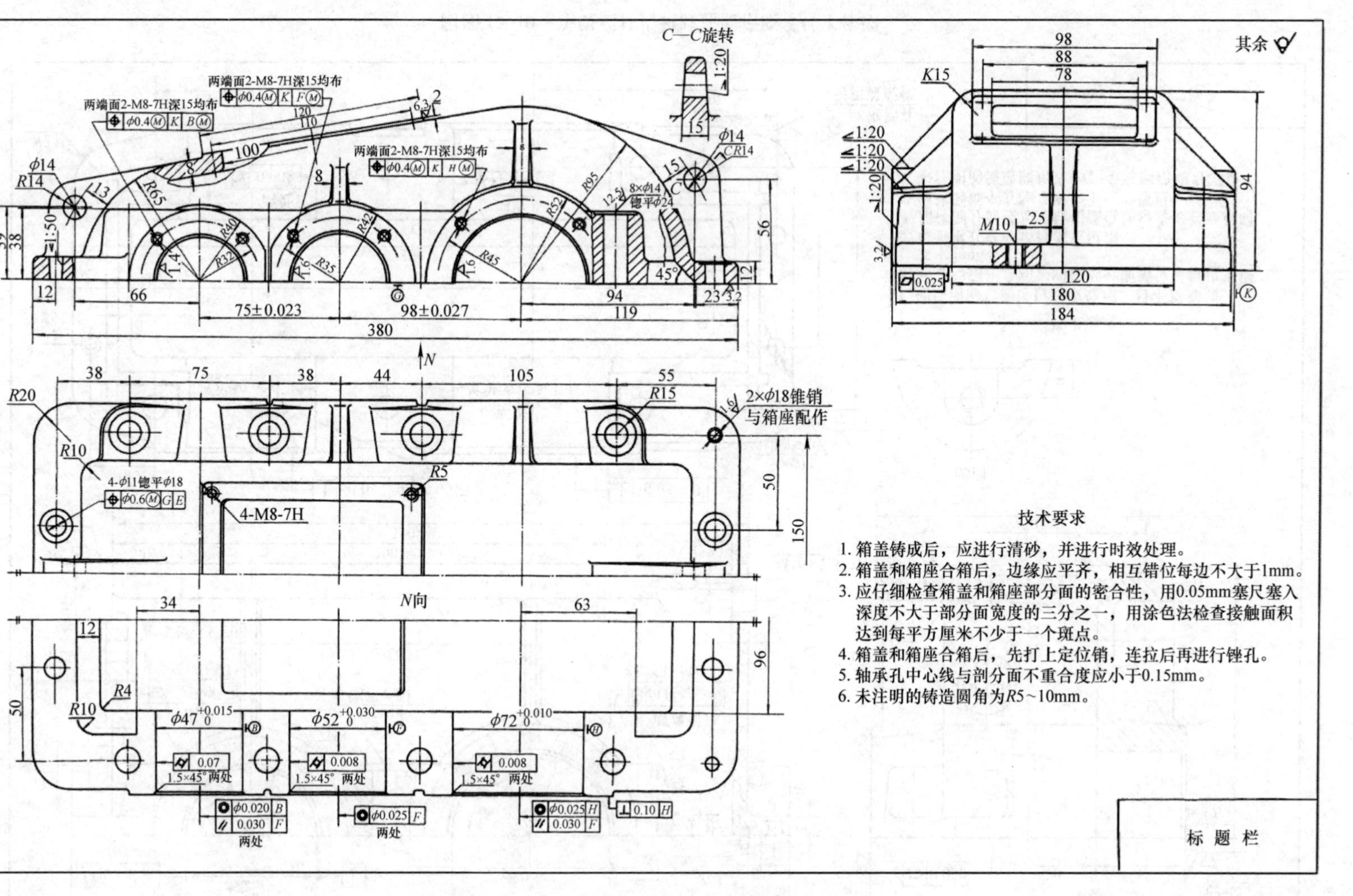

技术要求

1. 箱盖铸成后，应进行清砂，并进行时效处理。
2. 箱盖和箱座合箱后，边缘应平齐，相互错位每边不大于1mm。
3. 应仔细检查箱盖和箱座部分面的密合性，用0.05mm塞尺塞入深度不大于部分面宽度的三分之一，用涂色法检查接触面积达到每平方厘米不少于一个斑点。
4. 箱盖和箱座合箱后，先打上定位销，连拉后再进行锉孔。
5. 轴承孔中心线与剖分面不重合度应小于0.15mm。
6. 未注明的铸造圆角为R5~10mm。

附图 12.9　双级圆柱齿轮减速器箱盖零件工作图

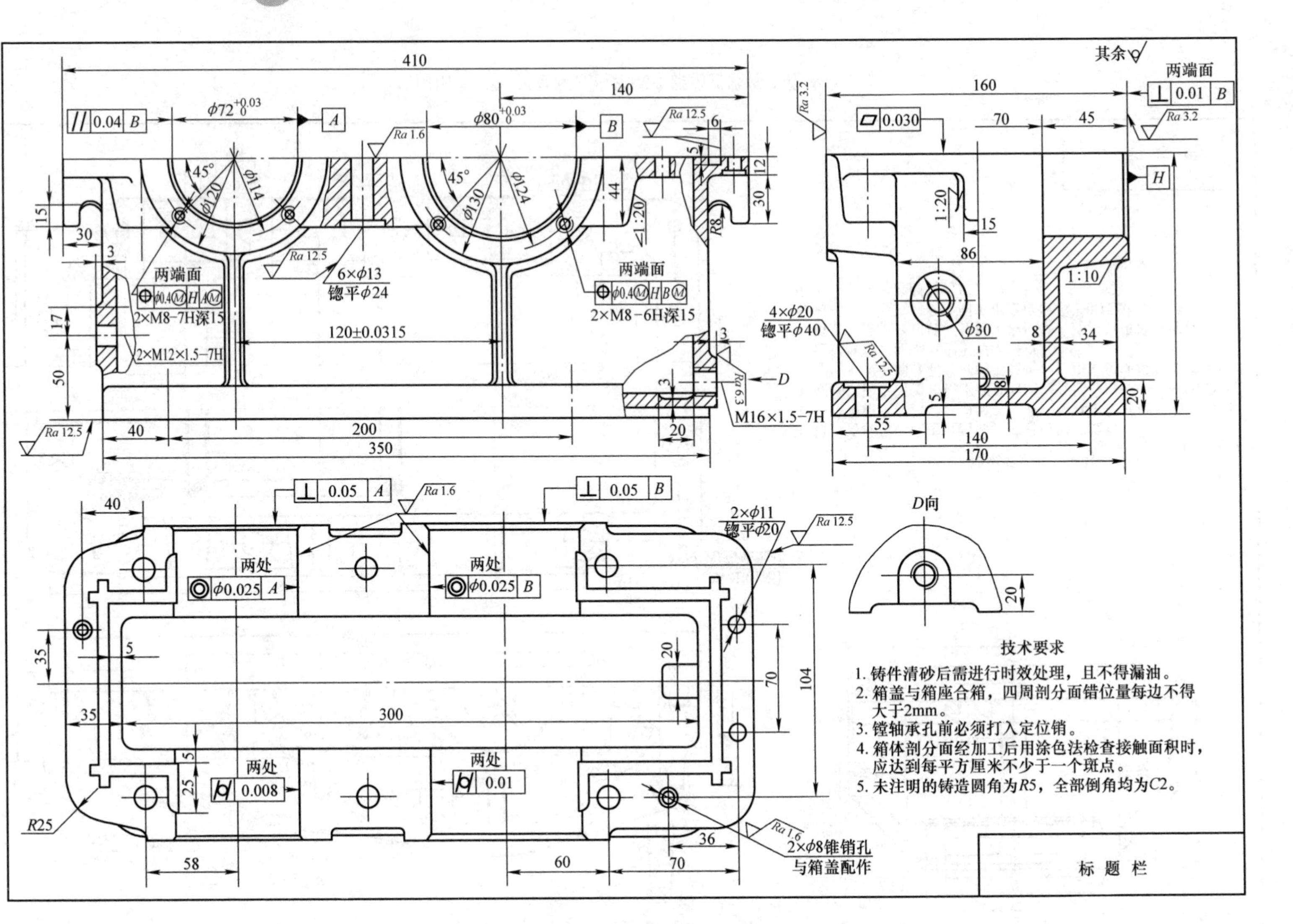

附图12.10 单级圆柱齿轮减速器箱座零件工作图

主要参考文献

[1] 陈立德. 机械设计基础课程设计指导书 [M]. 2 版. 北京：高等教育出版社，2004.

[2] 张建中，何晓玲. 机械设计机械设计基础课程设计 [M]. 北京：高等教育出版社，2009.

[3] 姜韶华，孙慧娟. 机械设计基础课程设计与实验指导 [M]. 北京：科学出版社，2010.

[3] 柴鹏飞，王晨光. 机械设计课程设计指导书 [M]. 北京：机械工业出版社，2014.

[4] 孙德直，张伟华，邓子龙. 机械设计基础课程设计 [M]. 2 版. 北京：科学出版社，2010.

[5] 朱家诚. 机械设计基础课程设计 [M]. 安徽：合肥工业大学出版社，2005.

[6] 万苏文. 机械设计基础课程设计与实验指导书 [M]. 重庆：重庆大学出版社，2009.

[7] 王少怀. 机械设计师手册 [M]. 北京：电子工业出版社，2006.

[8] 何克祥. 机械设计基础实验指导 [M]. 重庆：重庆大学出版社，2009.